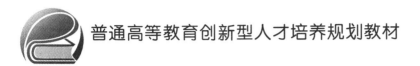
普通高等教育创新型人才培养规划教材

虚拟仪器设计与 LabVIEW 编程

王 英 编

U0244432

北京航空航天大学出版社

内 容 简 介

虚拟仪器在当今测试技术领域具有非常广泛的应用。本书介绍了虚拟仪器的基本概念和虚拟仪器系统的构成;以 LabVIEW 为开发平台,介绍了虚拟仪器的软件编程;介绍了 LabVIEW 开发环境,虚拟仪器软件的编辑与调试;介绍了基于虚拟仪器的测试信号处理以及测量数据处理;介绍了虚拟仪器数据采集与仪器控制,最后给出常用测试仪器的虚拟仪器设计实例。

本书主要是面向测控技术与仪器专业学生编写的,也可作为大中专院校机械大类、自动化大类的教学参考书,以及相关工程技术人员设计开发虚拟仪器及自动测试系统的技术参考书。

图书在版编目(CIP)数据

虚拟仪器设计与 LabVIEW 编程 / 王英编. -- 北京：
北京航空航天大学出版社,2017.4
 ISBN 978 - 7 - 5124 - 2353 - 4

Ⅰ. ①虚… Ⅱ. ①王… Ⅲ. ①软件工具－程序设计
Ⅳ. ①TP311.56

中国版本图书馆 CIP 数据核字(2017)第 061826 号

虚拟仪器设计与 LabVIEW 编程

王 英 编

责任编辑 张冀青

*

北京航空航天大学出版社出版发行

北京市海淀区学院路 37 号(邮编 100191) http://www.buaapress.com.cn
发行部电话:(010)82317024 传真:(010)82328026
读者信箱: goodtextbook@126.com 邮购电话:(010)82316936
北京泽宇印刷有限公司印装 各地书店经销

*

开本:710×1 000 1/16 印张:11.5 字数:245 千字
2017 年 5 月第 1 版 2017 年 5 月第 1 次印刷 印数:3 000 册
ISBN 978 - 7 - 5124 - 2353 - 4 定价:25.00 元

前　言

　　虚拟仪器从 21 世纪初开始在测试技术和自动化测量、工程测试领域获得越来越广泛的应用,本书起源于本校测控技术与仪器专业的自编讲义。随着虚拟仪器被广泛认知,机械、机电、过控、自动化等专业本科生选修该课程的人数渐多,讲义逐年更新,形成本教材。

　　虚拟仪器的核心为软件功能实现,目前使用最广泛的软件平台为美国 NI 公司的产品——LabVIEW 软件。该软件的更新速度非常快,但与该语言配套非常紧密的 LabVIEW 教程系列书籍的更新滞后,并且售价很高。本书是在作者编写并使用了多年的虚拟仪器设计讲义的基础上拓展而成的,共分为 11 章。

　　第 1 章虚拟仪器概述:介绍了虚拟仪器的发展历史,辨析了虚拟仪器与传统仪器的不同,介绍了虚拟仪器的概念和基本构成,解释了"软件即仪器"的具体涵义。

　　第 2 章 LabVIEW 开发环境:介绍了虚拟仪器图形编程语言 LabVIEW 开发环境,介绍了 VI 的三要素:前面板、程序框图、图标/连接器,以及对应的控件模板、功能模板和工具模板。

　　第 3 章虚拟仪器编辑与调试:分别介绍了前面板、程序框图、图标/连接器的编辑,介绍了子 VI 程序的编辑,介绍了子 VI 程序和子 VI 程序的调试。

　　第 4 章结构、变量和节点:介绍了 LabVIEW 基本函数,介绍了几种主要结构,介绍了局部变量、全局变量和共享变量,介绍了公式节点,介绍了函数的多态性。

　　第 5 章控件的操作和图形显示:围绕控件的各种操作展开叙述,包括不同编程风格中控件的描述,各种控件在前面板和程序框图中的表示与使用,图形显示与图形控件的种类描述,各种数据类型的转换,属性节点和调用节点在程序中的应用等。

　　第 6 章数字信号分析与处理:介绍了如何利用虚拟仪器实现数字信号处理,介绍了 LabVIEW 数字信号处理模板下的功能函数及应用,对信号的产生、时域和时差域分析、频谱分析以及加窗、滤波处理进行了范例演示。

　　第 7 章数据处理:介绍了数据处理常用的曲线拟合和回归分析以及

它们的虚拟仪器实现,介绍了利用线性代数实现数据处理。

第 8 章数据采集与仪器控制:介绍了 DAQ 数据采集、仪器控制、VISA 编程、仪器驱动、声卡虚拟仪器等各种接口的虚拟仪器构成,以及基于 LabVIEW 的数据采集与仪器控制。

第 9 章仪器界面与 I/O:介绍了虚拟仪器用户界面设计的相关规范,介绍了 LabVIEW 控件的分类和排列,颜色和字体的使用,界面的风格,图片和装饰,界面的分割以及窗口大小的定义。

第 10 章实用工具软件包:介绍了应用程序生成器,以及大规模生产检测系统需要的自动检测工具箱等。

第 11 章常用测试仪器的虚拟仪器设计:通过多功能示波器、函数信号发生器、频谱分析仪等常用电测仪表的虚拟仪器设计范例演示了信号的时域分析、频谱分析及信号处理。通过最小二乘法和回归分析法范例演示了测量数据的虚拟仪器处理,介绍了基于声卡的虚拟仪器设计,建立了手边的多功能虚拟仪器。

本书主要参考资料的来源为国内外虚拟仪器教材、NI 公司官网、GSDZONE 论坛等。书中实例偏重将虚拟仪器设计用于"现代测试技术"实验设计,用于"误差理论与数据处理"中的实测数据处理,强调基础与工程实际相结合。本书获浙江省"十三五"新兴特色专业测控技术与仪器的支持以及浙江理工大学教材建设项目资助。

因作者水平所限,本书一定有很多不完善之处,望各位同仁不吝赐教,您的建议将促进本书的持续改进。

作　者
2017 年 1 月

目　　录

第1章　虚拟仪器概述

仪器通常指具有一定功能的用于一定目的的设备或装置。其发展源远流长,是多种科学技术的综合产物,广泛用于科学研究或技术测量、工业自动化过程控制、自动化生产、机械状态检测和故障诊断等。仪器技术的发展与时俱进,当今电子技术、计算机和网络技术大大促进了仪器技术的进步。每一次的技术革命都促使传统仪器的革新,其发展阶段大致可分为电子仪器、数字化仪表、智能化仪器、计算机测试系统、虚拟仪器等。虚拟仪器是计算机技术和仪器技术高度结合的产物,是当今测控领域的主流技术。

仪器的体积、重量、形状各种各样,但其功能模块通常包括信号采集、信号处理、结果表达与仪器控制三大部分。仪器技术目前的发展主要体现在与计算机的结合形式和程度上:一是以计算机为主体,在计算机上添加必要的硬件构成计算机测量系统,使原有设备功能自动化,并且能大大扩展仪器测量的能力,实现多功能自动测量,此为计算机自动化测试系统;二是以传统设备为基础,在其内部添加智能芯片,实现设备小型化、便携化,此为便携式智能化仪表。

虚拟仪器(Virtual Instrument)属于前者,其结果表达与仪器控制由计算机完成,与计算机测控系统不同之处在于仪器的信号处理部分,虚拟仪器用软件代替硬件,即用算法代替电子线路。通俗的说法就是将仪器装入计算机,以通用的计算机硬件及操作系统为依托,实现各种仪器功能,与计算机自动测试系统相比,省去很多仪器连接线。

虚拟仪器技术是测试技术和计算机技术相结合的产物,是两门学科最新技术的结晶,它将测试理论、仪器原理和技术、计算机接口技术、高速总线技术以及图形软件编程技术融于一体。

1.1　虚拟仪器的基本概念

图1-1是一个典型的测量温度的虚拟仪器。该虚拟仪器硬件由热电偶温度传感器、信号采集卡、计算机组成,仪器面板由计算机软件实现。测量软件是基于计算机图形界面的,对于使用者来说直观易懂,是开放的,用户可以定义仪器功能,编写、修改测量程序非常便捷。

上述虚拟仪器用户界面和源程序是基于 NI LabVIEW 实现的,目前各大学虚拟仪器设计实验室大多配备 NI 公司的硬件和软件平台,最早的虚拟仪器概念也是 NI 公司提出的。

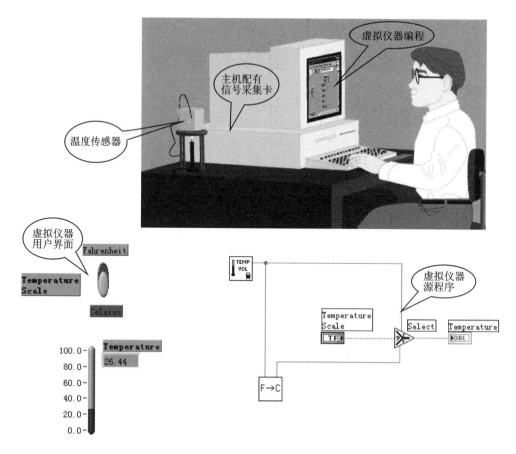

图 1 - 1　虚拟温度测量仪

　　所谓虚拟仪器,就是在以通用计算机为核心的硬件平台上,由用户设计定义,具有虚拟面板,测试功能由测试软件实现的一种计算机仪器系统。"虚拟"的含义包括:虚拟的仪器面板,由软件实现仪器的测量功能。

　　从构成和功能上来说,虚拟仪器是利用现有的计算机,加上相应的硬件和专用软件,形成既有普通仪器的基本功能,又可以扩展出特殊功能的新型仪器;在虚拟仪器中计算机处于核心地位,计算机软件技术和测试系统更紧密地结合,形成了一个有机整体,使得仪器的结构概念和设计观点等都发生了突破性的变化。

1.2　虚拟仪器的历史沿革

　　虚拟仪器的起源可以追溯到 20 世纪 70 年代,美国的 HP(Hewlett - Packard)公司设计、开发了一种用于计算机和仪器通信的串行接口系统,简称为 HP - IL(Hewlett - Packard Interface Loop),经过不断的改进成为一种仪器总线 HP - IB(Hewlett -

Packard Instrument Bus)，也是我们现在所熟知的 GPIB 接口总线 (General Purpose Interface Bus)。由于 GPIB 有效地解决了计算机和仪器通信的问题，被国际电工委员会(Institute of Electrical and Electronics Engineers，简称 IEEE)批准接纳成为国际标准 IEEE - 488。20 世纪 80 年代，随着第一台 IBM 个人计算机(PC)的出现，大大地推进了以 PC 为核心的 GPIB 自动化测试系统的发展，使测量数据的采集更为快速、稳定、可靠，使测量数据分析、显示、共享和计算机的发展相一致。自动化测试系统需借助 PC 软件实现，至此测量软件对于测试/测量的作用变得越来越重要。

　　"虚拟仪器"的概念是 20 世纪 80 年代末和 90 年代初开始盛行于测试和测量领域，这个概念彻底改变了计算机和软件在测试和测量系统中的作用。在自动化测量系统中，PC 作为系统测量与控制的核心；而在虚拟仪器中，PC 是作为一个测量平台。摩尔定律确保了 PC 处理能力的提升速度能够迅速超越单机仪器技术的发展，通用个人计算机迅速变成了性能比传统仪器更出色的计算平台，虚拟仪器逐渐成为测试/测量领域的主流。在虚拟仪器中，计算机是载体，模块化仪器是支撑，测量软件是虚拟仪器的灵魂。软件不仅需要在 PC 环境中采集、分析和显示测量数据，而且需要以高度抽象的方式完成这些任务，因为只有软件抽象才能帮助工程师和科学家有效地解决他们面临的测试和测量挑战，而无需成为计算机科学和架构专家。这也就是虚拟仪器中"软件即仪器"概念的由来。

　　NI 公司(美国国家仪器公司，National Instruments，简称 NI)提出虚拟仪器的构想并使虚拟仪器从概念构思变为工程师可实现的具体对象。其产品 NI LabVIEW (Laboratory Virtual Instrument Engineering Workbench，实验室虚拟仪器集成环境)软件为虚拟仪器软件标准化奠定了基础，推动了软件在现代测试/测量系统中发挥越来越重要的核心作用。NI 公司成立于 1976 年，20 世纪 80 年代初期，NI 公司凭借着在 GPIB 开发上获得的成功，成为基于个人计算机 GPIB 控制器的开发商和供应商。他们发现当时所有的仪器控制程序都是使用 BASIC 语言设计、开发的，而对于那些精通测试、测量工作的科学家和工程技术人员来说，使用 BASIC 语言来编制仪器控制程序，是很艰难的。他们设想，如果能够发明一种很实用、很方便的仪器控制软件开发工具或软件开发平台，那么是否会彻底改变那些测试、测量科学家和工程技术人员对仪器控制程序设计的困境呢？

　　NI 公司于 1983 年 4 月开始这方面的研发，因为 Mac(苹果电脑)首先实现了计算机的图形化操作，NI 公司选中苹果操作系统，1986 年完成 LabVIEW 1.0(Mac 版)，因此 LabVIEW 从第一版开始就是一种图形化的编程语言。该语言也称 G (Graphical)语言，包含了支持图形化编程语言进行应用软件设计的开发环境。

　　20 世纪 80 年代中期，微软公司 Windows 操作系统出现，使计算机操作系统的图形支持功能得到很大提高。1986 年，NI 公司开发了 Windows 版图形化的虚拟仪器编程环境，即 LabVIEW 2.0，虚拟仪器设计软件平台基本成型；到 LabVIEW 3.0 发布时，已经全面支持跨平台使用了；历经多年的发展，到 2015 年 6 月最新版本已发展到 LabVIEW 2015 了。

进入 21 世纪,个人计算机和 Windows 操作系统的发展大大促进了虚拟仪器技术的推广。从 LabVIEW 6 开始,我国大部分高校理工科实验室都配置了虚拟仪器实验平台,LabVIEW 获得测量工程师的广泛认可,是自动化测试、测量工程设计、开发、分析及仿真试验中广泛使用的软件系统。LabVIEW 已经渗透到工业测量的各个领域,成为虚拟仪器的主流厂商,成为事实上的工业标准。

1.3　虚拟仪器的分类

虚拟仪器有多种分类法,可以按应用领域分,也可以按测量功能分,目前最常用的是按照构成虚拟仪器的接口总线不同进行划分:

① 数据采集插卡式(PC - DAQ)虚拟仪器;

② 并行接口虚拟仪器;

③ 串行接口虚拟仪器;

④ GPIB(General Purpose Interface Bus)虚拟仪器;

⑤ VXI(VME Bus Extension for Instrumentation)虚拟仪器;

⑥ PXI(PCI Extension for Instrumentation)虚拟仪器和最新的 IEEE 1394 接口虚拟仪器。

PC - DAQ 虚拟仪器:以计算机插入式数据采集卡、信号调理电路及计算机为仪器硬件平台,与专用的虚拟仪器开发软件 LabVIEW 相结合开发测试系统,充分利用计算机的总线、机箱、电源及软件的便利,在国内各高校虚拟仪器实验室很常见,广泛用于本科生测试课程实践。缺点是受 PC 机箱和总线的限制,如电源功率不足,机箱内部的噪声电平较高,插槽数目不多,插槽尺寸比较小,机箱内无屏蔽等。相比台式仪器采用专用数据转换器而言,这种计算机插入式板卡测量质量不高。

并行接口虚拟仪器:由可连接到计算机并行口的测试装置、配置有并行接口的计算机和专用虚拟仪器软件组成。专用虚拟仪器软件安装在计算机上,由计算机和并行端口通信完成各种测量/测试仪器的功能。它们的最大好处是价格低廉、用途广泛,特别适合于各种教学实验室应用。常见的基于并行接口开发的虚拟仪器有数字存储示波器、频谱分析仪、逻缉分析仪、任意波形发生器、频率计、数字万用表、功率计、程控稳压电源、数据记录仪、数据采集器等。缺点是随着计算机处理器速度的节节攀升,并行传输方式难以实现高速化,不能满足需要信号快速采集的测量领域,甚至不能满足快速激光打印的需要,所以现在见到的笔记本电脑很少有配置并行接口的了。

串行接口虚拟仪器:是以 Seial 标准总线仪器与计算机为硬件平台组成的测试系统,配以专用虚拟仪器软件构成串行接口虚拟仪器。串口叫做串行接口,也称串行通信接口,按电气标准及协议来分,包括 RS - 232 - C、RS - 422、RS - 485、USB 等。

现在的 PC 一般有两个串行口：COM 1 和 COM 2。通常 COM 1 使用的是 9 针 D 形连接器，也称之为 RS‑232 接口，而 COM 2 有的使用的是老式的 DB25 针连接器，也称之为 RS‑422 接口，目前已经很少使用。很多手机数据线或者物流接收器都采用 COM 口与计算机相连。为扩展应用范围，EIA 又于 1983 年在 RS‑422 基础上制定了 RS‑485 标准，增加了多点、双向通信能力。USB 是 Universal Serial Bus（通用串行总线）的简称，是如今计算机上应用广泛的接口规范，是近几年发展起来的新型接口标准，主要应用于高速数据传输领域。

上述三种虚拟仪器按发展时间顺序排序，PC 插卡式虚拟仪器于 20 世纪 80 年代初问世，并口式虚拟仪器于 1995 年问世，串口 USB 式虚拟仪器于 1999 年问世。PC 插卡式、并口式、串口 USB 式虚拟仪器适合于普及型的测试系统，有广阔的应用发展前景。

GPIB 虚拟仪器：是以 GPIB 标准总线仪器与计算机为硬件平台组成的测试系统。典型的 GPIB 系统由一台 PC、一块 GPIB 接口卡和若干台 GPIB 形式的仪器通过 GPIB 电缆连接而成，可用计算机实现对仪器的操作和控制，很方便地把多台仪器组合起来，形成自动测量系统。GPIB 测量系统的结构和命令简单，主要应用于台式仪器，适合于精确度要求高的，但不要求对计算机高速传输状况时的应用。

VXI 虚拟仪器：是以 VXI 标准总线仪器与计算机为硬件平台组成的测试系统。VXI 总线规范是一个开放的体系结构标准，是高速计算机 VME 总线在虚拟仪器 VI 领域的扩展，具有稳定的电源、强大的冷却能力、严格的 RFI/EMI 屏蔽，而且结构紧凑，数据吞吐能力强，定时和同步精确，模块可重复利用，已经获得众多仪器厂家的支持，在测试领域得到广泛的应用，尤其是组建大、中规模自动测量系统以及对速度、精度要求高的场合。但是由于组建 VXI 虚拟仪器要求有机箱、零槽管理器和嵌入式控制器，所以花费比较高。

PXI 虚拟仪器：PXI 总线方式将 PC 和 PCI 总线面向仪器领域的扩展优势结合起来形成的虚拟仪器平台，具有 PCI 总线内核技术和仪器仪表专用的定时和同步功能。PXI 虚拟仪器具有高度的可扩展性，适合大型高精度集成系统，可完成要求同步、定时、高性能测试等最具挑战性的测量。

以上三种虚拟仪器的发展顺序依次为 GPIB、VXI、PXI。GPIB 虚拟仪器于 1978 年问世，VXI 虚拟仪器于 1987 年问世，PXI 虚拟仪器于 1997 年问世。

1.4　虚拟仪器的设计

虚拟仪器由硬件设备与接口、设备驱动软件和虚拟仪器面板组成。硬件设备与接口可以是上节叙述到的虚拟仪器分类中包含的各种仪器接口设备，也可以是其他各种可程控的外置测试设备；设备驱动软件是直接控制各种硬件接口的驱动程序，虚拟仪器通过底层设备驱动软件与真实的仪器系统进行通信，并以虚拟仪器面板的形式在计算机屏幕上显示与真实仪器面板操作元素相对应的各种控件。

　　测试软件是虚拟仪器的核心。虚拟仪器设计的主要任务是根据不同的测试任务,在虚拟仪器开发软件平台上编制不同的测试软件。虚拟仪器测试系统的软件主要分为仪器面板控制软件、数据分析处理软件、仪器驱动软件和通用 I/O 接口软件。

- 仪器面板控制软件是用户与仪器之间交流信息的纽带。
- 数据分析处理软件:虚拟仪器是仪器技术与计算机技术高度结合的产物,计算机通过 DAQ 或者仪器 I/O 等虚拟仪器硬件平台获得信号,通过虚拟仪器软件平台编写数据分析处理软件。数据分析处理软件的不同决定了虚拟仪器的多种多样,与"软件即仪器"这一虚拟仪器的最大特点相对应。
- 仪器驱动软件是处理与特定仪器进行控制通信的一种软件。仪器驱动器是虚拟仪器的核心,是用户完成对仪器硬件控制的纽带和桥梁。驱动程序一般分为两层。底层是仪器的基本操作,如初始化仪器、配置仪器输入参数、收发数据、查看仪器状态等;高层是应用函数层,根据具体测量要求调用底层的函数。
- 通用 I/O 接口软件是虚拟仪器系统软件结构中承上启下的一层,其模块化与标准化越来越重要,通用 I/O 标准 VISA 具有与仪器硬件接口无关性的特点。

　　虚拟仪器的设计包括底层硬件、软硬件接口、应用程序以及驱动程序的设计与开发。首先,应综合考虑传感器或前端仪器的接口形式,制定所设计仪器的接口形式。如果传感器或仪器设备是 RS‑232 串行接口,则直接用连线将仪器设备和串行口连接;如果仪器是 GPIB 接口,则需要额外配备一块 GPIB‑488 接口板,建立计算机与仪器设备之间的通信桥梁;如果信号采集基于 DAQ 数据采集卡,则将数据采集卡直接插到计算机的插槽上;如果采用 PXI 虚拟仪器平台,则根据测试任务选择模块化仪器和传感器。其次,确定虚拟仪器的应用程序编程语言,应根据所开发的虚拟仪器功能和性能,确定应用程序和软面板程序的模块结构和功能,画出各部分的流程图,采用合适的编程语言。在编制虚拟仪器软件中,可采用两种编程方法。一种是面向对象的可视化高级编程语言,如 VC++、VB 和 Delphi 等编写虚拟仪器的软件。这种方法实现的系统灵活性高,易于扩充和升级维护。另一种是图形化编程方法,如 LabVIEW、HPVEE,采用图形化编程的优势是软件开发周期短、编程较简单,特别适合工程技术人员使用。总之在编写程序时,要尽可能地让每个模块都有一定的独立性,明确定义接口,采用数据传递的形式进行联系。

　　虚拟仪器软面板是用户用来操作仪器,与仪器进行通信,输入参数设置,输出结果显示的用户接口。其设计准则如下:

　　① 按照 VPP 规范设计软面板,使面板具有标准化、开放性、可移植性。

　　② 根据测试要求确定仪器功能。根据测试任务确定仪器软面板具体测试、测量功能,开关、控制等设置要求。

③ 用面向对象的设计方法设计软面板。按照面向对象的设计思想，一个虚拟仪器集成系统由多个虚拟仪器组成，每个虚拟仪器均由软面板控制。软面板由大量的虚拟控件组成。

虚拟仪器程序编写好以后要对各模块进行调试和运行，可以通过采集各种标准信号来验证虚拟仪器系统功能的正确性和性能的优良。

本书采用图形化编程方法实现虚拟仪器软件设计，以 LabVIEW 应用软件作为虚拟仪器编程工具。

第 2 章　LabVIEW 开发环境

LabVIEW(Laboratory Virtual Instrument Engineering Workbench)改变了基于文本撰写代码的编程方式,使用鼠标来点击 *、拖拽图形、图标、连线等方式进行程序设计。这些图形、图标所代表的"控件"或"函数(或方法)"是通过对高级语言进行高度抽象所获得的,使整个编程的过程变得更加简单、方便、高效,将编程人员从复杂的语法结构、众多的数据类型、代码编写、编译、查找错误的过程中解放出来,使程序设计者能够更加专注于应用程序的设计,而不用担心语法规则、指针等是否正确。

LabVIEW 提供了系统级的一整套从设计、调试到最终发布应用程序安装包的软件开发环境。使用 LabVIEW 开发平台编制的程序称为虚拟仪器程序,文件名为 *.vi,简称为 VI。VI 由程序前面板(Front Panel)、程序框图(Block Diagram)和图标/连接器(Icon/Connector)三个部分组成。其最大的特点是图形化编程(无论是用户界面还是源程序)、数据流编程(运行逻辑与数学运算逻辑一致,依赖于数据输入)和模块化编程。

虚拟仪器前面板就像传统仪器的用户操作界面或真实仪表的操作面板,用户可以在计算机上进行交互式操作。对于 VI 设计者而言,前面板是实现 VI 仪器用户界面设计,LabVIEW 提供给设计者设计 VI 所必须提供的要素;对于非开放程序的最终用户而言,前面板是用户唯一可以见到的部分,用户在前面板上设置输入数值并观察输出量。在 VI 程序前面板上,输入量被称为控件(Controls),输入控件常用表达有旋钮、开关、滑动条、按钮等图形形式,也有数字输入形式;输出量被称为显示器(Indicators),常用数字、LED、图表、图形等表达。

程序框图是虚拟仪器程序的源代码,与前面板一一对应。程序框图由端子(Terminals)、节点(Nodes)、连线(Wires)构成,端子是数据传输通过的端口,节点是程序执行元素,连线是端子间的数据路径。VI 是由数据流编程的,端子顾名思义,是指数据的输入/输出端。数据的源头端称为输入控件,数据只能流出不能流入;数据的终点端称为显示控件,只能接收数据。输入/输出端子可以互相转换,如果用错的话会产生运行错误。在用户界面上添加输入控件或输出显示器,同时会在程序框图上产生相应的端子,在程序框图上选择以图标形式显示的端子时,从图标上能看出端子的输入/输出性质。

图标/连接器是对 VI 程序的功能和可调用性的描述,通常观察 VI 程序的图标

---

　*　点击包括单击(点击鼠标左键一次)、右击(点击鼠标右键一次)、双击(点击鼠标左键两次)、三击(点击鼠标左键三次)。

就能大致知道其主要功能。图标在前面板和程序框图中,其作用是一致的,连接器只在前面板出现,其图案中每个激活的元素与前面板中的控件一一对应。

　　图 2-1 所示为温度计程序(Thermometer VI)的前面板,对应图 2-2 温度计程序的程序框图,包括一个测量单位选择开关和一个虚拟水银温度计,选择开关可选择温度表达形式:摄氏度或者华氏度。温度计以模拟液柱和数字形式显示温度计度数。

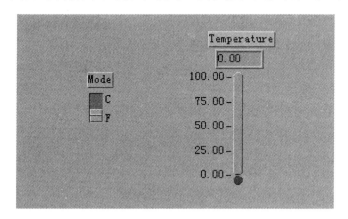

图 2-1　温度计程序的前面板

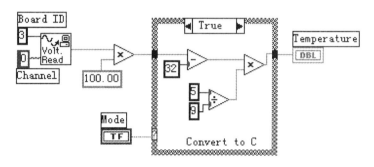

图 2-2　温度计程序的程序框图

2.1　LabVIEW 登录界面

　　打开 LabVIEW 应用程序,进入登录界面,以 2011 版为例说明启动界面组成,如图 2-3 所示。界面主要分为 3 个栏目。左上的“新建”栏目提供了新建虚拟仪器程序或工程的功能;左下的“打开”栏目列出了最近打开过的程序或项目,如果您要找的程序或项目最近没有打开过,则可以通过浏览选择文件路径查找到,新安装的 Lab-VIEW 则只显示浏览项;右边是 NI 公司提供的 LabVIEW 资源,包括一些链接,如虚拟仪器技术新闻、技术内容、范例等。“帮助”栏目提供了一份 PDF 格式的 LabVIEW 入门指南,包括最基本的使用说明、随版本附带的范例以及该版本的新功能说明等,是初学 LabVIEW 的重要参考文献之一。特别是范例,不仅可以帮助用户理解 VI 程序对问题的求解方式,还是用户编写 VI 程序的重要素材。您可以将硬件加入到范例项目中,或者将项目范例作为一个整体应用程序,项目范例具有开放性,且文档记述也很完整,可针对具体应用进行自定义。

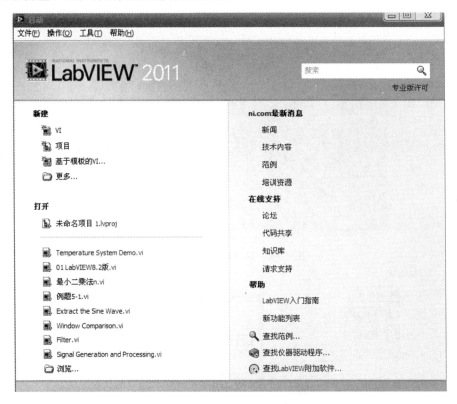

图 2 - 3　LabVIEW 的启动界面

2.2　LabVIEW 操作模板

创建和运行虚拟仪器需要借助 LabVIEW 操作模板实现,LabVIEW 开发环境提供了多个图形化的操作模板,这些操作模板可以随意在屏幕上移动,并可以放置在屏幕的任意位置。操作模板共分为三类:工具(Tools)模板、控件(Controls)模板和功能(Functions)模板(有些教材也称为选项板,由表示子选板或子模本的顶层图标组成)。

打开 LabVIEW 应用程序,新建一个 VI,屏幕上会同时弹出前面板窗口、程序框图窗口和工具模板。在前面板窗口,选择窗口菜单下的左右两栏显示或者上下两栏显示选项,可按视图习惯排布前面板窗口和程序框图窗口;选择查看菜单下的控件模板选项,则屏幕上弹出控件模板。在程序框图窗口,控件模板变为功能模板;选择帮助菜单下的显示即时帮助选项,则弹出即时帮助对话框,当光标箭头移到功能模板上的功能块时,对话框中立即显示该功能块的信息,能帮助用户理解功能模板上所有的功能块。

2.2.1　工具模板

图 2-4 工具模板(Tools Palette)提供了各种用于修改和调试 VI 程序的工具,如果应用程序是英文版的,可以在 Windows 菜单下选择 Show Tools Palette 命令以显示该模板。从模板内选择了任一种工具后,光标箭头就会变成该工具相应的形状。工具模板图标有如下几种:

图 2-4　工具模板

操作工具:程序运行工具,使用该工具来操作前面板的控件和显示器。使用它向数字或字符串控件中键入值时,工具会变成标签工具的形状。

选择工具:用于选择、移动或改变对象的大小。当它用于改变对象的连框大小时,会变成相应的形状。

标签工具:用于输入标签文本或者创建自由标签。当创建自由标签时它会变成相应的形状。

连线工具:用于在框图程序上连接对象。如果联机帮助的窗口被打开,把该工具放在任意一条连线上,就会显示相应的数据类型。

对象快捷菜单工具:可以弹出对象的弹出式菜单。

漫游工具:使用该工具就可以不需要使用滚动条即可在前面板窗口和程序框图窗口中漫游。

断点工具:用于程序调试,使用该工具可在 VI 的框图对象上设置断点。

探针工具:用于程序调试,可以在框图程序内的数据流线上设置探针。程序调试员可以通过探针窗口来观察该数据流线上的数据变化状况。

颜色提取工具:用于用户界面设计,使用该工具可以提取颜色用于编辑其他的对象。

颜色设置工具:用于用户界面设计,给对象定义颜色。它也可以显示对象的前景色和背景色。

与工具模板不同,控件模板和功能模板只显示顶层子模板的图标。在这些顶层子模板中,包含许多不同的控件或功能子模板。通过这些控件或功能子模板可以找到创建程序所需的面板对象和框图对象。单击顶层子模板图标,可以展开对应的控件或功能子模板;按下控件或功能子模板左上角的大头针,可以把这个子模板变成浮动板留在屏幕上。

2.2.2　控件模板

只有打开了前面板窗口才能调用控件模板(Controls Palette)。通过控件模板可以给前面板添加输入控件和输出显示器。控件模板上的每个图标代表一个子模板，可以选择 Windows 菜单下的 Show Controls Palette 命令打开它，也可以在前面板的空白处点击鼠标右键，以快捷方式弹出控件模板，如图 2-5 所示。

数值子模板：包含数值的控件和显示器。

布尔值子模块：包含逻辑数值的控件和显示器。

字符串子模板：包含字符串、表格的控件和显示器。

下拉列表与枚举子模板：使用下拉列表和枚举控件创建终端用户的可选项列表。

数组、矩阵与簇子模板：包含复合型数据类型的控件和显示器。

图形子模板：显示数据结果的趋势图和曲线图。

控件容器库子模板：用于操作 OLE、ActiveX 等功能。

图 2-5　控件模板

对话框子模板：用于输入对话框的显示控制。

修饰子模板：用于给前面板进行装饰的各种图形对象。

用户自定义的控件和显示器。

调用存储在文件中的控件和显示器的接口。

2.2.3　功能模板

只有打开了程序框图窗口，才能出现功能模板(Functions Palette)。功能模板是创建框图程序的工具。该模板上的每一个顶层图标都表示一个子模板，可以用 Windows 菜单下的 Show Functions Palette 命令打开它，也可以在程序框图窗口的空白处点击鼠标右键，然后弹出功能模板，如图 2-6 所示。

结构子模板：包括程序控制结构命令(如循环控制等)，以及全局变量和局部变量。

数值运算子模板：包括各种常用的数值运算符(如＋、－等)，数值运算式(如"＋1"运算)，数制转换、三角函数、对数、复数等运算，以及各种数值常数。

布尔逻辑子模板：包括各种逻辑运算符及布尔常数。

字符串运算子模板：包含各种字符串操作函数、数值与字符串之间的转换函数，以及字符(串)常数等。

数组子模板：包括数组运算函数、数组转换函数及常数数组等。

群子模板：包括群的处理函数及群常数等。这里的群相当于 C 语言中的结构。

比较子模板：包括各种比较运算函数，如大于、小于、等于。

時間和对话框子模板：包括对话框窗口、时间和出错处理函数等。

文件输入/输出子模板：包括处理文件输入/输出的程序和函数。

仪器控制子模板：包括 GPIB（488、488.2）、串行、VXI 仪器控制的程序和函数，以及 VISA 的操作功能函数。

仪器驱动程序库：用于装入各种仪器驱动程序。

数据采集子模板：包括数据采集硬件的驱动程序，以及信号调理所需的各种功能模块。

信号处理子模板：包括信号发生、时域及频域分析功能模块。

数学模型子模板：包括统计、曲线拟合、公式框节点等功能模块，以及数值微分、积分等数值计算工具模块。

图形与声音子模板：包括 3D、OpenGL、声音播放等功能模块。

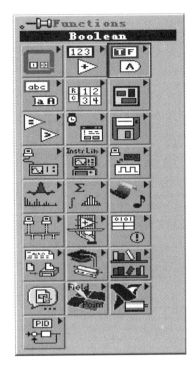

图 2-6　功能模板

通信子模板：包括 TCP、DDE、ActiveX、OLE 等功能的处理模块。

应用程序控制子模块：包括动态调用 VI、标准可执行程序的功能函数。

底层接口子模板：包括调用动态连接库和 CIN 节点等功能的处理模块。

文档生成子模板。

示教课程子模板：包括 LabVIEW 示教程序。

用户自定义的子 VI 模板。

"选择…VI 子程序"子模板：包括一个对话框，可以选择一个 VI 程序作为子程序（SUB VI）插入当前程序中。

2.3　创建最简单的 VI 程序

空 VI 是最小最简单的 VI 程序，在登录界面单击新建 VI，不做任何操作直接存储，存储文件名记为 EMPTY，可以看到前面板和框图的状态栏由未命名变成程序名 EMPTY.vi。关闭该程序，回到 LabVIEW 启动界面，在打开菜单栏下可以发现 EMPTY.vi。

第 3 章　虚拟仪器编辑与调试

VI 程序三要素包括前面板、程序框图和图标/连接器。打开我们创建的 EMPTY.vi,前面板、程序框图同时呈现在屏幕上,前面板和程序框图的右上角都有该程序的图标。图标通常用来指示 VI 程序的特点和用途,使用户看到图标就能大致知道该程序的主要功能是什么,这可以通过编辑图标图形实现。和图标对应的是连接器,连接器的意思是指当前 VI 作为上一级 VI 的功能模块时所具有的连接性,连接性的获得通过将当前 VI 编辑成子 VI 来实现。较低版本的 LabVIEW 图标和连接器通过点击鼠标右键切换,较高版本的图标和连接器则是并排显示的。

3.1　虚拟仪器的编辑

VI 前面板和程序框图上的各种图形元素统称为对象。VI 前面板上的图形对象主要是输入/输出控件,程序框图上的图形对象主要是节点、端子和连线。VI 的编辑与文本语言最大的不同在于其不仅具有图形化编辑程序界面的功能,其源代码也是图形化编辑实现。

VI 程序的编辑可以从前面板开始,模拟真实仪表按功能着手布放控件和显示器,之后再根据数据流编程在程序框图上完成整个程序的连通;也可以从程序框图开始,以各项处理功能为核心自动生成输入控件和显示器,之后再到前面板将控件和显示器按功能块和美观度进行整理。VI 以实现具体功能为主,所以同学练习的时候慢慢会习惯于从程序框图着手编程。

从图 2-1 和图 2-2 可以看出,虚拟温度测量仪实际功能包括温度信号采集和温度单位转换两个部分。为叙述简明,以 VI 实现温度单位℉到℃转换功能为例,演示虚拟仪器的编辑与调试,按如下过程操作:打开 LabVIEW,新建 VI,按自己的习惯排布前面板和程序框图。

3.1.1　前面板的编辑

从前面板编辑 VI 是以用户界面为出发点的,通常使用输入控件和输出显示器来构成前面板用户操作界面。控件是用户操作、控制、输入数据到程序的接口,显示器是输出程序产生的数据接口。图 3-1 所示是温度单位转换 F→C 的前面板。

编辑 VI 前先调出工作选板:工具选板、控件选板、函数选板。光标移至前面板,选择前面板为当前工作界面,在"查看"菜单中选择工具选板,将 VI 编辑工具准备好,在"查看"菜单中选择控件选板,调出控件选板。注意,当工作界面是前面板时,下

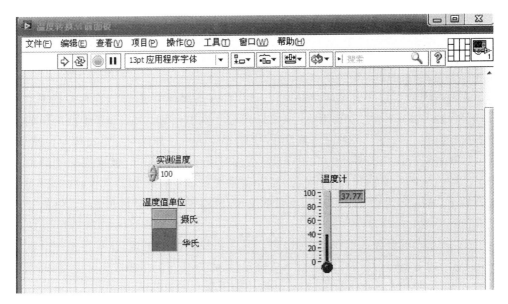

图 3 - 1　温度单位转换 F→C 的前面板

拉菜单栏能调出控件选板,而函数选板未激活,也可以通过点击鼠标右键弹出控件选
板;反之,工作界面是程序框图时,能调出函数选板,而控件选板未激活,点击鼠标右
键弹出的是函数选板;无论工作界面是前面板还是程序框图,都可以通过菜单栏调出
工具选板。

　　图 3 - 1 和图 3 - 2 所示为温度单位转换 VI。为使问题简化,实测温度由前面板
输入代替实际采集数据。前面板温度选择开关是经典模式选板下的布尔开关,选中
后移动光标至前面板的选定位置,在前面板选择位置后单击,完成该控件的放置。默
认标签是布尔。单击工具选板的标签工具,编辑该开关的标签,中英文皆可,字体和
大小也可以更改。本例中的温度计是控件选板下的经典数值子选板中的温度计控

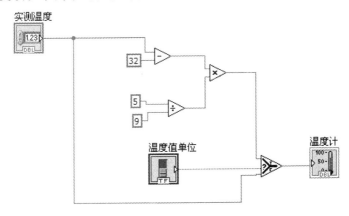

图 3 - 2　温度单位转换 F→C 的程序框图

件,放置在前面板的适当位置,默认标签为温度计,默认量程为 0～100;可以单击工具选板的标签工具,编辑温度计标签或者更改温度计量程,激活选择工具;光标移至温度计选中温度计右击,在弹出的快捷菜单中选择数字显示,则以模拟方式显示的温度计右上角出现温度计数字显示窗。

观察前面板和程序框图可以发现,一旦控件在前面板放置成功,在程序框图中同时也会出现与其一一对应的控件。该控件在程序框图中称为端子,其中前面板的实测温度控件对应程序框图中的实测温度端子,温度值单位控件对应温度值单位端子,温度计控件对应温度计端子。LabVIEW 是基于数据流编程的,数据流通的通道是端子间的连接线。上例前面板上实测温度和温度值单位控件为输入控件,分别对应输入端子,只能作为数据源头,温度计控件是显示控件,对应显示端子,只能接收数据。

图 3-2 中还包含 3 个数字常量,它们只在程序框图中出现,在程序框图界面右击,出现函数选板,选择编程→数值→数值常量,程序框图上出现数值常量端子,默认值为 0,如果输入您想要的数值,则直接利用编辑文本工具修改即可。

数值常量和实测数据通过数值运算符进行运算实现温度转换,数值运算符称为函数节点。在程序框图界面右击,出现函数选板,打开编程→数值选板,选择加、减、乘、除函数,或者利用表达式节点完成上述温度转换的全部运算。图 3-2 温度值单位的转换通过选择节点实现,路径为打开函数选板,选择编程→比较→选择,选择函数,以选择输入控件作为条件,若为真则输出摄氏温度,若为假则输出华氏温度。

以上操作是以前面板为出发点描述 VI 程序的编辑。此种方法直观,但容易出错,主要错误类型在于数据类型与函数节点不匹配,导致连接线无法连通,如数据输入/输出端子错用,单值与数组、簇相混等。

3.1.2 程序框图的编辑

编辑 VI 程序可以直接从程序框图入手,此种做法的最大优点是程序编辑不容易出错。程序框图是 VI 程序的源代码,由节点、端子、结构和连线四种元素构成。

节点类似于文本语言程序的语句、函数或者子程序。LabVIEW 有 2 种节点类型——函数节点和子 VI 节点。函数节点是 LabVIEW 编译好的机器代码,供用户使用,用户无法修改;子 VI 节点通常是由用户编辑的,可以访问和修改。图 3-2 包含 3 个运算符和 1 个选择符,共 4 个功能函数节点,分别完成运算和选择功能。

端子是方向固定的节点,数据只能输入或输出,不能集输入和输出于一体。LabVIEW 有 3 类端子,分别是前面板对象端子、全局与局部变量端子和常量端子。对象端子是数据在框图程序部分和前面板之间传输的接口,前面板上的对象端子与框图中的对象端子一一对应,当在前面板创建或删除面板对象时,可以在程序框图中自动创建或删除相应的对象端子;反之亦然,如图 3-1 和图 3-2 中的实测温度端子、温度计端子和温度值单位端子。全局与局部变量端子只能在程序框图中出现,可以集数据输入和输出于一体。常量端子永远只能在程序框图中作为数据流源点。

结构是 LabVIEW 实现程序结构控制命令的图形表示，如循环控制、条件分支控制和顺序控制等，可以使用它们控制 VI 程序的执行方式。代码接口节点（CIN）是程序框图与用户提供的 C 语言文本程序的接口。

连线是端子间的数据遂道，类似于普通程序中的变量。数据是单向流动的，从源端子向一个或多个目的端子流动。图 3-3 中有多条不同颜色的连接线，不同的颜色表示不同的数据类型。浮点型数据连线用橙色表示，逻辑量数据连线用绿色表示。不同类型的数据连线前，LabVIEW 会对输入数据进行强制转换，另外不同的线型代表不同的数据类型，如图 3-3 所示。

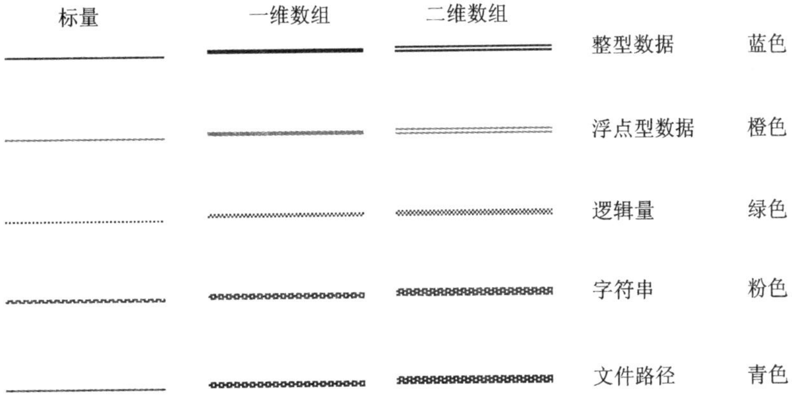

标量	一维数组	二维数组		
			整型数据	蓝色
			浮点型数据	橙色
			逻辑量	绿色
			字符串	粉色
			文件路径	青色

图 3-3　常用数据类型所对应的线型和颜色

如果从程序框图着手创建如图 3-2 所示 VI 程序，则可以先不考虑前面板，将运算和选择功能节点按计算顺序、连线整洁易于区分排布在程序框图上。具体操作如下：单击程序框图，将光标置于程序框图空白处右击，从函数选板中选择编程→数值，分别将减法、乘法、除法（如图 3-2 所示）放置在程序框图中，选择连线工具为节点创建输入端子，右击节点，从弹出的快捷菜单中选择创建常数，分别创建 32、5、9；选择创建输入控件可以创建实测温度、温度值单位；选择创建显示控件可以创建温度计，LabVIEW 会自动地在被创建的端子与所单击的节点端点之间连线。

当需要连接两个端点时，在第一个端点上单击连线工具后移动到另一个端点，再单击第二个端点，端点的先后次序不影响数据流动的方向，如果连线需要绕开某个节点或区域，则可以使用连线和定位工具沿着光标轨迹单击订制连线的连通路线。当把连线工具放在端点上时，该端点区域将会闪烁，接线头会弹出，接线头还有一个黄色小标识框，显示该端口的名字，可以帮助正确连接端口的连线。当把连线工具从一个端子接到另一个端子时，不需要按住鼠标键。

3.1.3　图标/连接器的编辑

　　如图 3-1 所示,图标/连接器在前面板的右上角。图标是虚拟仪器编程的优势之一,可以为每一个设计出来的 VI 设置图标。好的图标设计可以很好地以图形或文字的方式反映 VI 的功能,图标是子 VI 在其他程序框图中被作为节点调用时的表现形式。连接器表示节点数据的输入/输出口,就像函数节点一样。图 3-1 的图标和连接器都是 VI 默认的,图标尚无具体的意义,连接器还未被激活。如果作为子VI,就必须指定连接器端子与前面板的控件和显示器一一对应。

　　光标移至 VI 图标,右击编辑图标,会出现图 3-4 所示图标编辑器界面,最右边的绘图工具和 Windows 系统的画图程序一样,可以直接在画布上写字、画图,如果觉得功能不够,则可以借助 LabVIEW 提供的符号工具。图 3-4 就是借助了符号工具的转换箭头作为温度单位转换标识,再用绘图工具直接在画布上画出单位"F"和"C"。编辑好图标的前面板如图 3-5 所示,读者有更好的创意可以自行练习。

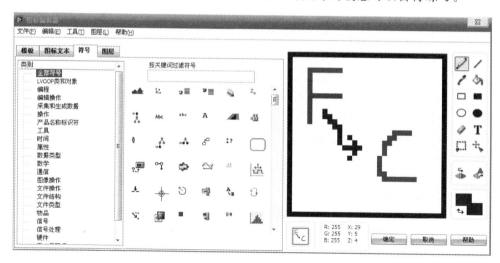

图 3-4　温度转换 VI 图标编辑器

　　温度转换 VI 实现的是温度值单位的转换,实测温度为华氏度,按需求可以转换到摄氏度。前面板上有三个控件(两个输入一个输出),右击连接器,把默认模式改成左 2 右 1 的模式,用连线工具分别单击实测温度控件和连接器输入端,建立连接器输入和前面板输入控件之间的对应关系。同样,建立温度值单位控件、温度计控件和连接器端子的对应关系,可以发现连接器由默认的空白端子变成如图 3-6 所示的有颜色的端子模式,颜色由控件数据类型决定。保存温度转换 VI 并关闭,新建一个 VI,单击程序框图,再点击鼠标右键,在函数选板选择 VI,到保存目录下调出温度转换VI,会发现温度转换 VI 变成了和函数节点一样的图标,有输入/输出接线头。这就是我们所说的子 VI 节点,称为温度转换子 VI,可以和函数节点一样被 VI 调用。

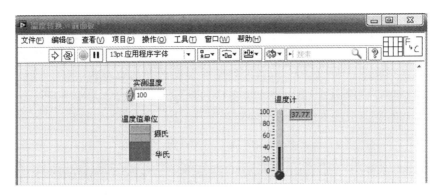

图 3-5 编辑好图标的温度转换 VI

新建的 VI 和温度转换子 VI 之间具有调用关系,在 LabVIEW 中称为层次结构(Hierarchy)。选择查看→VI 层次结构,打开 VI 层次结构窗口,可以看到当前 VI 及其子 VI 节点。在 VI 层次结构窗口中双击某个 VI,可显示该 VI 的前面板和程序框图。如果一个 VI 含有子 VI,则该 VI 的底边上有黑色箭头。单击该箭头可显示或隐藏子 VI。只要有一个子 VI 为隐藏状态,底边就会出现一个红色箭头。如果所有子VI 都已显示则箭头为黑色。如果 VI 包含递归调用,则 VI 层次结构窗口在递归 VI之间绘制虚线以显示其关系。

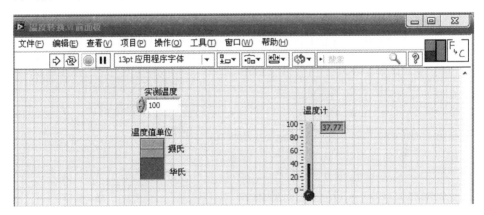

图 3-6 编辑好图标和连接器的温度转换 VI

3.2 数据流编程

所谓 VI 数据流编程,是指对一个节点而言,只有当它的所有输入端子上的数据都成为有效数据时,它才能被执行;节点程序运行完毕后,它把结果数据送给数据流路径中的下一个节点;数据流是单项流动的,只能从源端子送到目的端子。

打开温度转换 VI,单击程序运行工具栏中的灯泡按钮,高亮显示执行过程,单击开始单步执行按钮,程序进入运行状态,可以观察数据流沿连线的流动,如图 3 - 7 所示。框图程序从左往右执行,执行次序不是由于对象的摆放位置,而是由于相乘运算函数的输入量是相减函数和相除函数的运算结果。只有当相减运算和相除运算完成并把结果送到相乘运算的输入口后,才继续下去和数学运算逻辑一致。单步运行到尽头时整个程序框图闪动,单击单步步出按钮结束程序运行。一个节点只有当它所有的输入端数据都成为有效数据后才能被执行,只有当它执行完成后,它所有输出端子上的数据才有效。

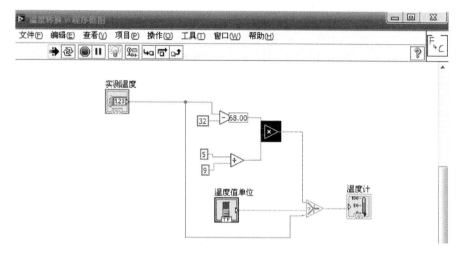

图 3 - 7 温度转换 VI 单步运行中

如图 3 - 8 所示,VI 程序包含两个数值运算和显示、一个布尔常量和布尔显示器、一个字符串显示、一个正弦波显示,共 5 个互不关联的流程。单击高亮按钮,多观察几次其运行过程,会发现无法确定哪一个数据流程先执行。如果必须明确指定执行的先后次序,则须使用顺序(Sequence)结构来明确各节点的先后顺序,参见后叙结构部分。

养成良好的数据流编程习惯很重要,这不仅使 VI 程序清晰易读,还利于程序的调试。VI 编程时应注意以下几点:

① 根据自然的数据依赖关系从左向右编辑程序;

② 必要时利用顺序结构实现强制数据依赖关系;

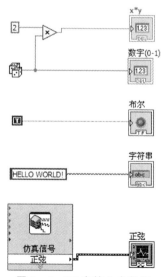

图 3 - 8 VI 中的几个数据流程互不关联

③ 进行数据采集时可以依赖各个函数间错误簇的连接,实现人工数据依赖关系;

④ 通过打开和关闭引用句柄实现人工数据依赖关系。

3.3　子 VI

在任意一个 VI 程序框图窗口里,都可以把其他的 VI 程序作为子程序调用,只要被调用 VI 程序定义了图标和连接器端子即可。用户使用功能模板的,选择 VI(Select a VI)来完成。当使用该功能时,将弹出一个对话框,用户可以输入文件名,也可以通过浏览器选择文件。

一个子 VI 程序,相当于普通程序的子程序。节点相当于子程序调用。子程序节点并不是子程序本身,就像一般程序的子程序调用语句并不是子程序本身一样。如果在一个框图程序中,有几个相同的子程序节点,它就像多次调用相同的子程序一样。该子程序并不会在内存中存储多次。

子 VI 的建立有两种方式。一种方式是通过对 VI 前面板的图标进行修改,对连接器进行定义实现的,如前面 3.1 节所述;另一种方式是当发现程序框图的某几个函数功能反复被调用,或者程序框图大而凌乱需要优化时分块创建的。第二种方法是用定位选择工具,选择需要被优化的程序框图部分,选择编辑→创建子 VI 选项,被选择部分自动生成子程序,连接器直接与输入/输出对应,只需修改图标赋予该子程序实际意义,然后单击“保存”按钮即可。

3.4　VI 程序调试

LabVIEW 会默认地进行自动错误处理,当程序执行过程中出现错误时(如加载文件失败),程序会挂起,LabVIEW 会自动弹出错误对话框,并高亮显示导致错误产生的子 VI 或函数模块。在 LabVIEW 中可以依次单击工具→选项→程序框图,在错误处理区有两个选项,可以决定是否能自动错误处理,如图 3 - 9 所示。对于单个 VI,依次单击文件→VI 属性,在 VI 属性界面中选择执行类别,该类别界面下可以选择是否对当前 VI 关闭自动错误处理。

如果希望程序在执行过程中出现错误时能给出更有意义的提示信息,则可以使用自定义错误处理。首先评估一下该应用中有可能会出现哪些错误,并给这个错误赋特定的错误代码和描述信息。更多的信息请参考 basic error handling.vi,并在 NI 网站查阅相关资料。

VI 程序的调试分为三个层次:数据流编程、模块化编程、层次化结构。如果一个 VI 程序存在语法错误,那么在编辑状态就会出现连线无法连通的现象,连线变成虚线,如图 3 - 10 所示;程序框图窗口工具栏上的运行按钮也会变成一个折断的箭头,表示程序不能被执行。

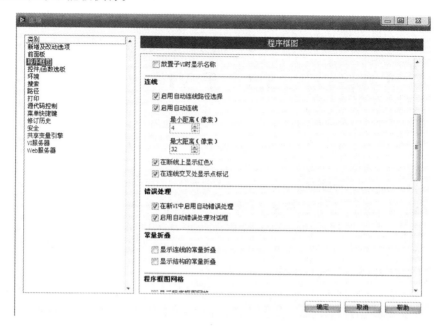

图 3 - 9　程序框图中的错误处理

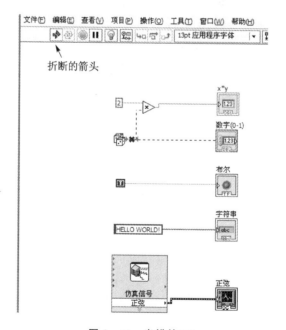

图 3 - 10　出错的 VI

单击折断的箭头按钮,LabVIEW 弹出"错误列表"对话框,如图 3 - 11 所示;双击错误项,数字(0 - 1)端子及连线被高亮显示,根据错误信息提示,可以看出错误的原因是"该连线已连接至多个数据源"导致的。图 3-10 中可以看出数字(0-1)端子显示为只能流出不能流入,其属性是输出控件,右击定位该端子,在弹出选项中选择转换为显示控件,可以看到此时连线连通,折断的箭头变成正常运行箭头,错误消失,程序变成可运行状态。

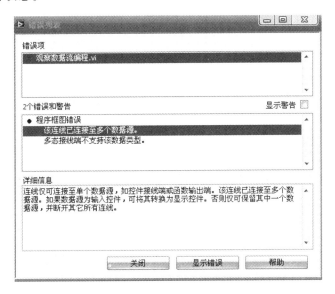

图 3-11　出错 VI 对应的错误项

VI 程序没有了语法错误,其运行结果也未必如设计者所愿,可以利用 LabVIEW 调试工具对 VI 的运行过程进行跟踪观察,查找问题所在。LabVIEW 的前面板和程序框图窗口工具栏上有 4 个图标按钮用于运行控制,从左向右依次为运行(Run)、连续运行(Run Continuously)、中止执行(Abort Execution)和暂停(Pause)。这 4 个图标按钮用于单个程序功能编辑完成阶段的运行与调试,可以通过在程序框图加探针的方式查看数据流经某一根连接线时的数据值。从工具模板选择探针工具,再单击希望放置探针的连接线,这时在该点会出现一个探针显示窗口。在程序框图中使用选择工具或连线工具,在连线上点击鼠标右键,在弹出式菜单中选择"探针"命令,也可以为该连线加上一个探针。直接关闭探针窗口则该点探针消失。当觉得某个探针窗口数据有误时,可以单击暂停按钮观察问题所在;如果怀疑问题在哪个数据流上,则可以在该处加断点;使用断点工具可以在程序的某一地点中止程序执行。使用断点工具时,单击希望设置或者清除断点的地方就能完成相应的操作。加断点时节点或者图框显示为红框,连线上断点显示为红点。当 VI 程序运行到断点设置处时,程序被暂停在将要执行的节点,以闪烁表示。单击单步执行按钮,闪烁的节点被执行,下一个将要执行的节点变为闪烁,指示它将被执行;也可以单击暂停按钮,这样程序将连续执行直到下一个断点。

VI 调试时如果感觉程序运行速度太快,则可以通过高亮执行方式观察数据流。

高亮和单步执行等 5 个 VI 调试工具只在程序框图窗口工具栏上出现,在暂停图标后面有![icons]，依次为高亮执行(Highlight Execution)、保存连线值(Retain Wire Values)、单步跟踪执行(Step Into)、单步跨越执行(Step Over)、单步步出(Step Out)。单击灯泡按钮使其变成高亮形式,再单击运行按钮,就可以在程序框图上观察 VI 程序以数据流方式运行,没有执行的代码以灰色显示,执行后的代码高亮显示,并显示数据流线上的数据值。这样就可以根据观察到的数据判断哪个节点计算结果不正确。

如果上述方法无法找到症结所在,则可以单击高亮执行和单步跟踪执行按钮,在程序框图上一个节点一个节点地执行;单步跟踪执行允许进入数据流经的每个节点,观察该节点的输入/输出是否正确;程序比较大时,非常耗时。读者还可以单击高亮执行和单步跨越执行按钮,在程序框图上以跨越节点的方式一个节点一个节点地执行,无须进入数据流经的节点内部;单步跨越执行不如单步跟踪执行观察深入,但当前程序整体性好并且比较节省调试时间。无论是单步跟踪执行还是单步跨越执行,完成调试时整个程序框图都会闪动,需要单击单步步出按钮结束调试。

如果编写的 VI 程序很大,为了能在调试的时候快速定位,避免重复编程,则应尽量采用模块化编程。如果知道代码的特定部分将会重用于同一应用程序,或感觉该部分代码可能会用于未来的应用程序,那么花一点时间将该部分代码变成一个子 VI,使其变成上一层 VI 的一个模块。

创建子 VI 的最简单方法之一是高亮标记程序框图中的目标代码,然后从菜单栏中选择编辑→创建子 VI,这部分代码就会自动生成一个单独的 VI,编辑该 VI 的图标使其能表示子 VI 的主要功能。这比在"图标/连接器"中叙述的子 VI 生成步骤简单,但是初学阶段容易分不清层次,搞不清主 VI 和子 VI 的层次结构关系。

图 3-12 是 LabVIEW 自带范例动态信号分析仪 VI 的层次结构,打开范例后,选择查看→VI 层次结构,可以看到该程序的层次结构。VI 底边有红色箭头的是当前 Lab-VIEW 应用平台,当前程序动态信号分析仪图标底部带有黑色箭头。从图 3-12 可以看出,动态信号分析仪 VI 调用了 4 个子 VI,其中 DISPL 子 VI 还调用了孙 VI;从当前 VI 的程序框图上可以看出每个子 VI 和节点都是主 VI 的一个模块。

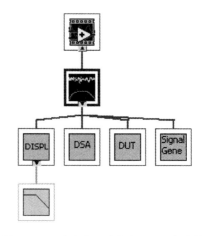

图 3-12　动态信号分析仪 VI 层次结构

当 VI 没有语法错误时,如在 VI 运行未断开的状态下得到了非预期数据,则可使用的调试技术(一般来说,可以发现和纠正 VI 或程序框图数据流的问题,如果无法使用以下方法调试 VI,那么 VI 可能产生了竞争状态)总结如下：

　　① 大多数内置 VI 和函数的底部都有错误输入和错误输出参数。这些参数能找到程序框图上每个节点产生的错误，并显示是否有错误产生和错误的位置。也可将这些参数用于用户创建的 VI 中。选择查看→错误列表，勾选显示警告复选框，可查看 VI 的所有警告信息。对 VI 进行相应修改，移除所有 VI 警告。找到错误援引，在 VI 中进行相应改动。

　　② 使用定位工具，三击连线，高亮显示整个路径，确保连线到合适的接线端。使用即时帮助窗口检查程序框图上各个函数和子 VI 的默认值，如果推荐和可选输入端没有连线，那么 VI 和函数就传递默认值，如未连线的布尔输入端默认为 TRUE。

　　③ 使用查找对话框，在 VI 中查找要修改的子 VI、文本和其他对象。选择查看→VI 层次结构，可查找未连线的子 VI。与未连线的函数不同，除非将输入设置为"必需"，否则未连线 VI 不一定会产生错误。如将未连线的子 VI 误置于程序框图上，则程序框图执行时，子 VI 也同时执行，VI 可能进行了多余的操作。

　　④ 使用高亮执行显示过程，查看数据在程序框图中的移动。单步执行 VI 可查看程序框图上 VI 的每个执行步骤。

　　⑤ 使用探针工具，查看实时数据值，检查 VI 和函数，尤其是进行 I/O 操作的 VI 和函数的错误输出。单击程序框图上的保存连线值按钮，保存连线值以便在探针中使用。该项功能使用户能方便地获得最近通过连线传递的数据。使用断点暂停执行，可进行单步执行或插入探针。

　　⑥ 挂起子 VI 的执行，以编辑控件的值，控制其运行的次数或返回子 VI 执行的起点。

　　⑦ 禁用部分程序框图，以确定在没有该部分程序代码的情况下 VI 执行是否更佳。

　　⑧ 确定某个函数或子 VI 传递的数据是否为未定义。通常发生在数值型数据中。例如，在 VI 中的某个点上，可能会出现一个数除以零的运算，返回无穷，但是其后的函数或子 VI 需数值输入。

　　⑨ 如果 VI 运行速度明显比预期慢，请确认是否在子 VI 中关闭了高亮执行显示过程。此外，不使用子 VI 时，关闭其前面板和程序框图，因为打开窗口会影响执行速度。

　　⑩ 检查控件的表示法，查看是否出现数据溢出。因为将浮点数转换为整数，或将整数转换为更小的整数时，可能会发生溢出。例如，将 16 位整数连接至只接收 8 位整数的函数，函数将 16 位整数转换为 8 位整时，会造成数据丢失。

　　⑪ 确定是否有 FOR 循环无意中执行了零次循环，产生了空数组。更多信息参考高亮显示执行过程和防止未定义数据。确认移位寄存器已初始化，除非只把移位寄存器用于保存上一次循环执行的数据，并将数据传递至下一个循环。

　　⑫ 在源和目标点检查簇元素顺序。LabVIEW 在编辑时能检查数据类型和簇大

小不匹配,但是不能检查同种类型元素的不匹配。

⑬ 检查节点执行顺序。控制变量的数量以避免竞争状态。检查以确认 VI 不包含隐藏子 VI。将一个节点置于另一个节点之上,或缩小结构使子 VI 不在视线范围之内,都会无意中隐藏了子 VI。检查 VI 使用的子 VI,可打开 VI 层次结构窗口,查看 VI 的子 VI。要防止隐藏 VI 产生的错误结果,可将 VI 的输入接线端指定为必需。

3.5　本章小结

本章叙述了 VI 程序的三个组成部分,其编辑包括 VI 前面板编辑、程序框图编辑及图标/连接器编辑。由图标/连接器编辑引出了子 VI 的概念和编辑创建方法,以 LabVIEW 自带范例说明了 VI 的层次结构,引出模块化编程技术,最后介绍了 VI 的调试技术、数据流编程技术。

本章关键词包括 VI 的编辑、数据流编程、子 VI、VI 的层次结构、模块化设计和 VI 的调试技术。虚拟仪器初学者编辑 VI 和调试 VI 习惯的养成很重要,遵从数据流编程的规律,以程序各功能函数为核心,在程序框图上对节点的输入/输出进行自动创建比较,不容易出现编辑错误;编程时打开即时帮助,可以边学边用、快速掌握 VI 编程技术;遵从模块化编程要求,对 VI 的组成模块调试成功后再应用于主程序,尽量避免程序框图过大、繁冗。

本章习题

3-1　输入控件 2 个,编程实现这两个数加减乘除的结果,作为输出控件,分别从前面板和程序框图创建 VI 程序,比较二者的区别,观察程序运行时的数据流。

3-2　将习题 3-1 编辑的程序改成子 VI。

3-3　将习题 3-1 输入控件和输出控件的属性互换,观察 VI 程序的可执行性,将发现 VI 运行按钮图标变成折断的箭头,单击该按钮会列出 VI 错误,按指示改正;分别在输入/输出控件的连线上加断点和探针工具,体会数据流编程。

第4章 结构、变量和节点

LabVIEW节点是程序框图上的对象,与文本语言中的执行语句、运算符号、子程序和函数对应。LabVIEW节点包括基本函数、子VI、Express VI、结构、公式节点和表达式节点、属性节点和调用节点、调用库函数、代码接口节点(CIN)等。节点的数量在一定程度上能反映VI的性能,无论是最简单的VI还是非常复杂的VI,基本函数、结构和变量都是VI节点中使用最多的。

4.1 LabVIEW 的基本函数

基本函数是LabVIEW内置的执行元素,相当于文本编程语言中的语句、操作符和函数,包括基本运算函数、逻辑和位运算函数、关系运算函数。

4.1.1 基本运算函数

基本运算函数和所有的功能函数选项一样,与程序框图编程相对应,光标移至程序框图界面,点击鼠标右键,弹出函数选板,选择编程→数值,单击数值选板左上角的图钉,可以固定数值选板,如图4-1所示。

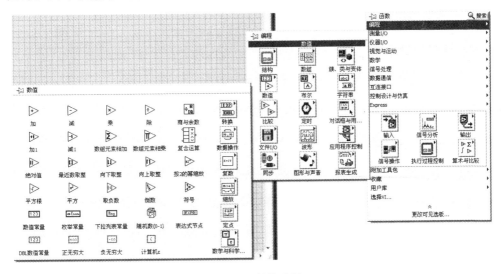

图 4-1 数值选板

从图4-1可以看出,数值选板包含加、减、乘、除基本运算,以及常用的高级运算函数,如商与余数、平方、取负数、倒数、数值常量、随机数、表达式节点和数据类型转换等。数值函数选板的函数对标量运算是普适的,也可以用于数组和簇的运算上,具有多态性,多态是指 VI 和函数能够自动适应不同类型的输入数据。

例如数组清零赋初值,既可以用数组工具实现,也可以用多态性运算实现。图 4－2 是多态性编程实现数组清零赋初值的 VI。

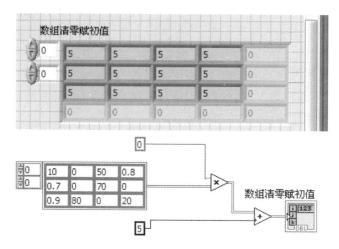

图 4－2　多态性编程实现数组清零赋初值的 VI

图 4－2 演示的是基本运算函数可以自适应接收不同类型的数据完成运算。除此之外,对于数组、字符串和簇有专门的运算工具,光标移至程序框图界面,点击鼠标右键,界面弹出函数选板,选择编程子选板;单击数组选项,弹出数组子选板;单击字符串选项,弹出字符串子选板;单击簇、类与变体选项,弹出簇、类与变体子选板。建议读者分别将上述各个函数子选板下的节点置于程序框图上逐一练习,了解其特点,掌握其用途,可以通过打开即时帮助学习各节点的使用。打开"帮助"菜单栏,在下拉菜单中选择显示即时帮助,便打开了函数即时帮助功能,需要学习哪个函数节点的使用,只需将光标移至该节点,用户界面上即可弹出该即时帮助窗口,单击窗口左下角的问号就能调出所有关于该节点的信息,包括使用说明、路径和范例。

4.1.2　逻辑和位运算函数

LabVIEW 作为虚拟仪器的主要编程语言,与硬件联系密切,逻辑和位运算功能更为强大。光标移至程序框图界面,点击鼠标右键,弹出函数选板,选择编程子选板;单击布尔选项,弹出布尔运算工具子选板,包括常用布尔运算符、复合运算、类型转换和数值常量等。布尔运算具有多态性,如果运算符的输入类型是布尔型,则完成逻辑运算;如果运算符的输入类型是整型,则进行二进制的位运算。布尔型数据和整型位数据可以互相转换。

LabVIEW 中的位操作是通过整个字节操作的,只改变需要改变的位的状态,其他位的状态保留。一个 U8 型占据一个字节空间,表示 8 位,由低到高分别为 BIT0

～BIT7,对应二进制的每一位,通过位运算可以对每一位进行置位和复位。

　　练习如图 4-3 所示例题,体会逻辑和位运算。创建 VI,用户界面上有 8 个 LED 指示器和一个 8 位无符号整数的垂直滑动条控件(数值范围 0～255),打开滑动条的数字指示,将 8 个 LED 变成滑动条中二进制数字表示。例如(10)d =(00001010)b, LED 灯 1 和 3 亮。VI 建好后用(131)d =(10000011)b 验证程序的正确性。

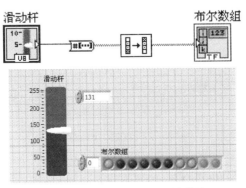

图 4-3　数值至布尔数组的转换

4.1.3　关系运算函数

　　LabVIEW 提供了比较函数选板,可进行关系运算和比较运算,分为基本关系运算符、0 关系运算符、字符关系运算符和复杂关系运算符。基本关系运算符包括等于、不等于、大于、小于等,输入参数限定在 2 个,比较的对象可以是标量与标量、标量与数组、标量与簇、数组与数组、簇与簇等,允许设置"比较元素"或者"比较集合",也可以进行字符串的比较。对于数组或簇的比较,如果选择"比较元素"模式,则从数组或簇的第一个元素开始逐一比较每个元素直至发现不相等时才停止比较,比较结果是布尔数组或布尔簇;如果选择"比较集合"模式,则两个输入将作为整体比较,比较结果是 1 个布尔标量。

　　0 关系运算符是通用关系运算符的特殊形式,自动采用比较元素的模式。字符关系运算符是多态的,输入的参数类型可以是字符串、字符串数组、数字、数组、矩阵和簇等。

　　复杂关系运算符包括选择函数、最大最小值函数、判断范围并强制转换函数、非法数字/路径/引用句柄函数、空数组函数、空字符串函数等,具体应用可以参照帮助中的范例。图 4-4 是 LabVIEW 自带的比较大小的范例,位于 examples\general\functions\Comparison 文件夹中,该文件夹中还有选择函数、大于、等于和判断范围并强制转换节点的例子,请读者自行揣摩。

　　特别地,对应浮点型数据进行比较时,由于误差问题,往往比较结果不符合预期,请对该环节的调试加以重视。一般采用提前消除误差的方法,比如数据缩放或者组合运算等以减小误差。

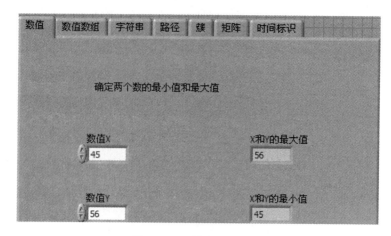

图 4-4　比较大小的范例

4.1.4　表达式节点与公式 VI

LabVIEW 图形化编程虽然易懂易学,但缺点是比较复杂的运算需要大量的连线,导致程序框图界面很庞大,占用了大量的空间。数值子选板上有一个表达式节点,可以在一些情况下减少节点和连线。

表达式节点支持常用的算术运算符、位运算符和关系运算符,还包括常见的初等函数,如绝对值、对数、幂指数和三角函数等;还可以使用常量 π,其输入是单参量的,命名规则和 C 语言相似,输入量可以是数值、数组和簇。

如果是多参数运算,则可以选择公式快速 VI,也可以选择公式节点。将光标移至程序框图界面右击,弹出函数选板,选择数学子选板,单击脚本与公式选项,弹出脚本与公式子选板,选择公式项拖至程序框图,公式快速 VI 出现在程序框图上,图标像计算器。图 4-5 是表达式节点和公式快速 VI 的程序框图。公式节点将在 4.4 节讨论。

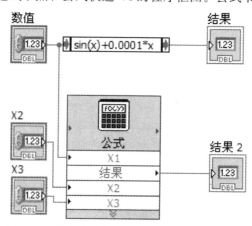

图 4-5　表达式节点和公式快速 VI 的程序框图

4.2 多态性

多态性是指 VI 和函数能够自动适应不同类型的输入数据。不同的数据类型将在第 5 章进行介绍。函数多态的程度各不相同,可以是全部或部分输入多态,也可以是没有多态输入。有的函数输入可接收数值或布尔值,有的函数输入可接收数值或字符串,有的函数输入不仅接收数值标量还接收数值数组、数值簇或数值簇构成的数组等数据;还有的函数输入仅仅接收一维数组,数组的元素可以是任意数据类型。另外,有的函数输入可接收所有数据类型,包括复数值。下面就一些常用函数的多态性加以说明。

4.2.1 数值函数的多态性

算术函数的输入都是数值型数据,是对数值、数值数组、数值簇、数值簇构成的数组和复数等数据对象的操作。除了函数说明中所指明的一些特例以外,默认的输出数据通常和输入数据保持相同的数值表示方法。如果输入数据包含多种不同的数值表示方法,则默认输出数据的类型是输入数据的类型中较大的那种类型。例如将一个 8 位整数和一个 16 位整数相加,则默认输出将是一个 16 位整数;如果配置数值函数的输出,则指定的设置将覆盖原有的默认设置。当算术函数的两个输入中一个是标量,另一个是数值或簇时,输出为数值或簇。

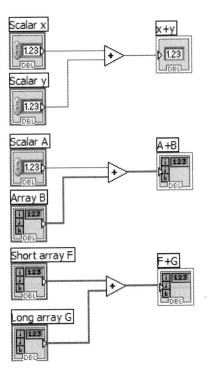

两个数组相加时,必须保证两个数组维数相同,其中的元素一一相加;也可以再对这两个维数相同的数组添加不同个数的元素;当两个维数不同的数组作为输入相加时,输出的结果数组的维数和输入数组中维数较小的一致。两个簇相加的时候,必须拥有相同的元素个数,并且每对相应元素的类型必须相同。

图 4 - 6 和图 4 - 7 分别是多态性 VI 的程序框图和用户界面,是不同数据类型输入量进行加法运算的结果,显示了加法

图 4 - 6 多态性 VI 程序框图

运算的多态性。两个标量相加是加法运算的常态;一个标量加一个一维数组,则数组中每个元素都加上这个标量;两个一维数组相加则对应的元素分别相加,计算结果是

一维数组,其长度取决于数组长度小的数组。

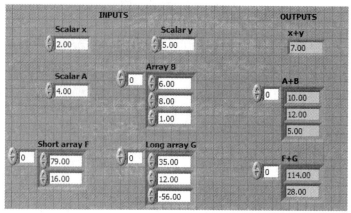

图 4-7 多态性 VI 用户界面

和算术函数一样,对数函数也具有多态性。对数函数的输入都是数值型数据,包括数值标量、数组、簇等。如果输入数据是整型,则输出数据将被转换为双精度浮点型数值。除此之外,输出数据和输入数据的数值表示方式相同。

4.2.2　数组和簇函数的多态性

大多数的数组函数可以处理 n 维的数组,数组元素可以是任意类型,缺省的数据类型是数值数组。数组的维数和大小是任意的,簇中元素的数量也是任意的,函数输出和输入的数值表示法一致。对于只有一个输入端的函数,函数将处理数组或簇中的每一个元素。

簇函数也具有多态性,在输入/输出端没有完成连线之前,捆绑和解除捆绑函数不会显示单个输入/输出的数据类型。对这两个函数的输入/输出端完成连线之后,这些接线端的样式和相应的用户界面控制或显示端口的数据类型一致。

4.2.3　布尔函数的多态性

逻辑函数的输入可以是布尔值、数值和错误簇。如果一个逻辑函数有两个输入,那么可以用和算术函数相同的方式组合这两个输入。逻辑函数只能对两个布尔值或两个数值进行基本操作,不能在布尔值和数值之间进行逻辑运算。

如果输入是数值型,则 LabVIEW 将对输入数据进行位运算操作;如果输入是整型,则输出数据也是整型;如果输入是浮点型,则 LabVIEW 会将它舍入到一个 32 位整型数字,输出结果也将是 32 位整型;如果输入是一个错误簇,则 LabVIEW 只传递错误簇中状态的 TRUE 或 FALSE 值至输入端。

逻辑函数可以处理数值或布尔型的数组、数值或布尔型的簇、数值簇或布尔簇构成的数组等类型的数据,复数和以数组为元素的数组除外。

4.2.4　字符串函数的多态性

字符串长度、转换为大写字母、转换为小写字母、反转字符串和字符串移位等函数可以处理字符串、由字符串构成的数组和簇，以及由簇构成的数组。转换为大写字母和转换为小写字母函数还可以处理数值、数值簇和数值数组，这两个函数把数值当作字符的 ASCII 码来处理。

路径至字符串转换和字符串至路径转换均为多态函数。这两个函数可用于处理标量值、标量数组、标量簇和由标量簇组成的数组等类型的数据。这两个函数的输出数据与输入数据相比，除了转换后得到的新数据类型以外，其余的成分完全相同。

从数值转换到十进制字符串、十六进制字符串、八进制字符串、工程字符串、小数字符串、指数字符串的函数，可以处理数值簇和数值数组，并输出字符串簇和字符串数组。从十进制、十六进制、八进制、指数/小数/科学记数法字符串转换为数值的函数，可以处理字符串数组和字符串簇，并且输出数值数组和数值簇。

4.2.5　比较函数的多态性

比较函数具有多态性，可以对数值、字符串、布尔值、字符串数组、数值簇、字符串簇等类型的数据进行比较，但不同类型的数据之间是无法比较的。

等于、不等于和选择等比较函数的输入可以是任何类型，但所有输入的类型必须一致。大于或等于、小于或等于、小于、大于、最大值与最小值和判定范围并强制转换等函数，可以处理复数、路径及引用句柄以外任何类型的输入，所有输入必须类型一致。与 0 进行比较的函数可以处理数值标量、簇和数值数组。

十进制数、十六进制数、八进制数、可打印和空白的判定等函数，可以处理字符串标量、数值、字符串簇、非复数构成的簇、字符串数组以及非复数构成的数组等类型的数据。这些函数的输出由布尔值组成，数据结构和输入一致。空字符串/路径函数可以处理路径、字符串标量、字符串簇、字符串数组等类型的数据。这些函数的输出由布尔值组成，数据结构和输入一致。

等于、不等于、非法数字/路径/引用句柄、空字符串/路径，以及选择函数都可以将路径和引用句柄作为输入，其余比较函数都不能将路径和引用句柄作为输入。

将数组和簇作为输入的比较函数通常返回布尔数组，数据类型和输入一致。如果要让函数返回单个布尔值，则右击该函数并从快捷菜单中选择比较模式下的比较集合，勾选比较集合选项。

4.3　结　　构

函数选板中专门有一个结构子选板，包括顺序结构、CASE 结构、FOR 结构、WHILE 结构、公式节点、MathScript 节点。其中顺序结构和 CASE 结构是最基本的结构,其他结构可以看成是这两个基本结构的衍生。在 VI 程序中,顺序结构、CASE 结构、FOR 结构、WHILE 结构用于控制程序流程,公式节点、MathScript 节点和事件结构类似于编程模式。

4.3.1　循环结构

FOR 循环是固定次数的循环,最重要的功能是处理数组数据,可用于信号采集、数据分析的控制。以产生 10 个随机数为例说明 FOR 结构的功能,见图 4-8。

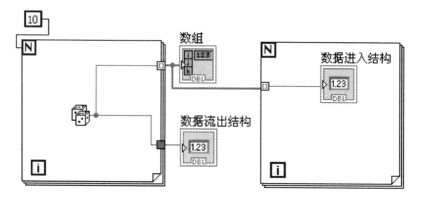

图 4-8　FOR 循环与数组

图 4-8 所示为 FOR 结构,其组成包括结构体、循环总数 N、循环计数 i,结构体内部与结构体外部的数据交换以数据隧道(Tunnel)的形式进行。图 4-8 所示程序实现步骤如下:

① 创建 FOR 循环:在程序框图上右击,选择编程子选板下的结构子选板,选择 FOR 循环结构,在程序框图上释放鼠标左键并拖动鼠标,程序框图上产生一个符合您规定大小的 FOR 循环体,左上角是循环总数 N,左下角是循环计数 i,N 和 i 的位置可以自由拖动。

② 创建随机数节点:在循环体内点击鼠标右键,选择编程子选板下的数值子选板,选择随机函数放置在程序框图上。

③ 创建数据隧道:将随机数节点的输出拉到 FOR 结构的边框上,会产生一个闪动的小空心方块,单击,在边框上产生数据隧道,右击该隧道,选择创建输出显示,在程序框图和用户界面上同时生成数组显示器。

④ 用户界面显示:将用户界面上的数组显示器用工具模板里的选择和改变大小工具拉大,使其能至少显示 10 个数。运行该 VI,数组显示 10 个随机数。

上述 FOR 结构中,数据是从结构内流出到结构外的,当数据流入 FOR 结构时,如图 4-8 所示,将数组与 FOR 结构连接,数据隧道会自动开启索引,自动确定循环次数为数组的长度,每循环一次显示当前索引的数组数据。读者可以自行使用高亮运行 VI 进行观察。FOR 循环和数组关系密切,比如利用 FOR 循环创建、抽取和处理一维数组、初始化数组;利用 FOR 循环嵌套实现多维数组的创建和处理;以二重嵌套为例创建的二维数组,外层 FOR 循环对应行,内层对应列,程序框图见图 4-9。

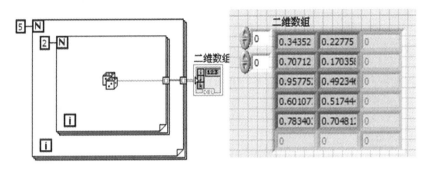

图 4-9　FOR 循环与二维数组

数据隧道是数据的暂存空间,在 FOR 结构里,该隧道默认打开索引,数据隧道显示为空心方框,结构体内产生的 10 个随机数按产生顺序存放其中;如果改变数据隧道的属性,则右击该方框,关闭索引,数据隧道显示为实心方框,FOR 结构每循环一次数据更新一次,达到总循环次数后数据将不再更新,此时隧道内存放的数据是最后一次循环产生的随机数。

WHILE 循环与 FOR 循环类似,都可以重复执行循环体内的代码,但是二者结束条件不同。FOR 循环以限定次数的方式结束循环,WHILE 循环只有当结束条件为真时才跳出循环体。

WHILE 循环不仅与 FOR 循环一样可以用于数据计算,还是最基本的设计模式,顶层 VI 的运行通常是以 WHILE 循环来控制执行的。图 4-10 是 WHILE 循环模拟温度信号采集的程序框图,图 4-11 是用户界面,温度数据在 0~100 之间,信号采集时间间隔是 200 ms,用户发出停止命令时温度信号采集结束。

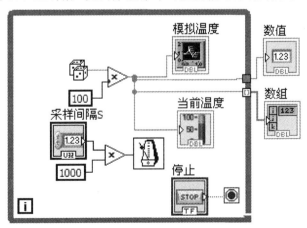

图 4-10　WHILE 循环模拟温度信号采集的程序框图

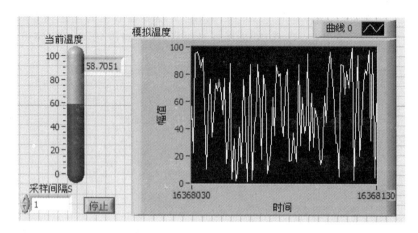

图 4 - 11　WHILE 循环模拟温度信号采集用户界面

图 4 - 10 所示程序实现步骤如下：

① 创建 WHILE 循环：在程序框图上右击，打开函数选板，选择编程子选板，选择结构子选板，选择 WHILE 循环，或者在函数选板下执行过程控制子选板的第一个，在程序框图上释放鼠标左键并拖动鼠标，程序框图上产生一个符合您需要大小的 WHILE 循环体，左下角是循环计数 i，右下角红色按钮是循环结束条件，单击该按钮就变成循环运行条件，随着 WHILE 循环的创建，用户界面相应地生成停止控制按钮，控制整个循环体的运行。

② 在循环体内创建函数节点：分别创建随机数节点、乘法节点，自动创建波形图显示控件和温度计，分别显示温度信号波形和当前温度值。

③ 时间控制：在循环体内加入时间控制节点，打开函数选板，然后选择编程→定时，等待下一个整数倍毫秒功能函数，用于指定循环运行的时间间隔，以毫秒为单位。本例程中用于模拟温度采样间隔，可以通过用户界面设定。如果程序中不加时间控制，则每一次的循环都会不间断地连续运行，运行时 CPU 占用率会达到 100%，当程序较为复杂时，会导致程序崩溃。FOR 循环则无此担心，因为其循环体的运行次数是有限的。

图 4 - 11 中包括 2 个显示控件，分别显示温度波形图和当前最新温度值，2 个输入控件分别控制温度信号采集时间间隔和程序的运行、停止。

数据可以流出和流进 WHILE 循环体，与 FOR 循环体不同的是，流出 WHILE 循环体的数据隧道默认是关闭索引，如果需要保留全部数据，则单击数据隧道，开启数据索引功能。

开发信号采集虚拟仪器时，时间间隔、时间标识和定时功能都是必需的，函数选板下专门提供了定时子选板，提供了时间计时器、等待毫秒、转换为时间标识、获取日期/时间字符串、日期时间转换函数、时间延长快速 VI、已用时间快速 VI 等函数，读者可以通过调取范例和即时帮助揣摩学习。

　　WHILE 循环和 FOR 循环还可以用于迭代运算,通过移位寄存器完成循环间的数据传递。选中循环结构边框,用鼠标右键选择添加移位寄存器,可为循环体添加一对移位寄存器,分别位于循环体的左右边框上,上一次迭代产生的数据寄存到循环需要用到这个数据时从移位寄存器左侧引出。也就是说,一对移位寄存器使用的是同一内存,这与数据隧道不同,按图 4-12 比较 FOR 循环移位寄存器和数据隧道的区别。编写 VI,高亮执行观察数据流,体会数据隧道与移位寄存器的区别。注意:无论是数据隧道还是移位寄存器,都要赋初值;否则运行按钮图标变成折断的箭头,VI 出现错误。数据隧道和移位寄存器的输入/输出都和赋初值的数据类型一致,可以是各种类型的数据。

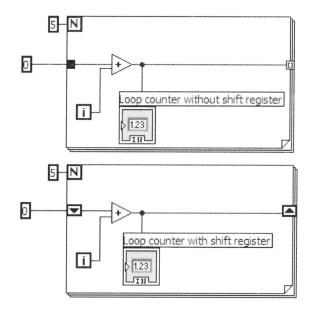

图 4-12　比较 FOR 循环移位寄存器和数据隧道的区别

　　图 4-12 的 FOR 循环共执行 5 次,每次循环产生一个数据,单击移位寄存器左侧三角,向下拉出 5 个,程序框图变成图 4-13 所示,高亮执行,观察每次循环移位寄存器数值的变化。

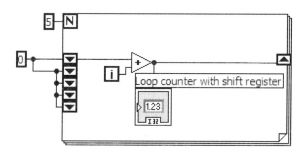

图 4-13　多次循环的移位寄存器

　　当移位寄存器右侧不需要向循环体外输出数据时,鼠标移至移位寄存器上右击,在弹出的快捷菜单上选择替换为反馈节点,程序框图变成图 4-14 所示,其运行结果和图 4-12 是一样的。反馈节点的优势在于它不需要从循环的边框上连接数据线,使程序更加简洁美观;缺点在于它实际上是依赖于循环结构的,由于没有数据线连接容易把逻辑关系搞错,如果逆向数据线过长,那么最好还是改为使用移位寄存器。

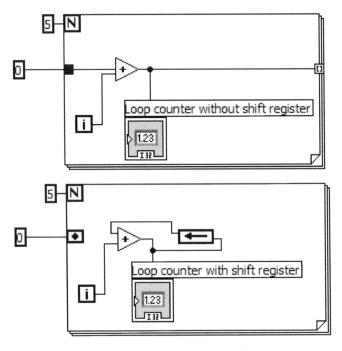

图 4-14　FOR 循环内的反馈节点

　　反馈节点也可以和移位寄存器一样返回前某次的迭代数据,点击鼠标右键打开属性界面,在配置选项下改变延迟值,则反馈节点每逢延迟设定值就把数据反馈一次。假设该值为 2,则反馈节点每 2 次迭代反馈数据一次。右击反馈节点,选择显示启用接线端,则反馈节点的工作受控制,当显示启用接线端输入值为真时,反馈节点正常工作,如果输入为假,则反馈节点不工作,输出上一次迭代的数据。

　　除此之外,反馈节点也可以独立于循环体存在,可以调用函数选板下的结构子选板,选择反馈节点编写 VI。因为本节主要讨论 FOR 循环和 WHILE 循环,所以独立于循环体的反馈节点在此不讨论,读者可以调用反馈节点范例观摩。

4.3.2　条件结构

　　选择函数→编程→结构选项,打开结构子选板,会发现有 4 个外观类似的结构,如图 4-15 所示,分别为 CASE 条件结构、EVENT 事件结构、程序框图禁用结构和条件禁用结构。其中 CASE 条件结构是基本结构,其他 3 个可以看成是它的衍生,对照学习。

　　CASE 条件结构由结构框、分支选择端子和条件分支构成,条件选择端子默认输入布尔型,对应条件选择分支只有真、假两个,此时 CASE 条件结构的功能和选择函数一样。

　　图 4 - 16 和图 4 - 17 分别为用 CASE 结构和比较函数比较两个数大小的程序框图和用户界面,可以看出 CASE 结构和选择节点二者运行结果一样。CASE 结构体程序框图不直观,但为编程提供了更多的空间,比较函数要用到更多的输入条件才能获得比较结果,程序框图平铺,看起来很直观,但用到的函数节点多,不利于非编写者对程序的理解。

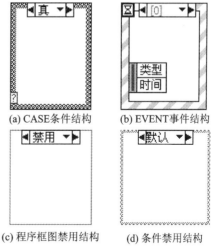

(a) CASE条件结构　　　(b) EVENT事件结构

(c) 程序框图禁用结构　　(d) 条件禁用结构

图 4 - 15　CASE 条件结构及其类似结构

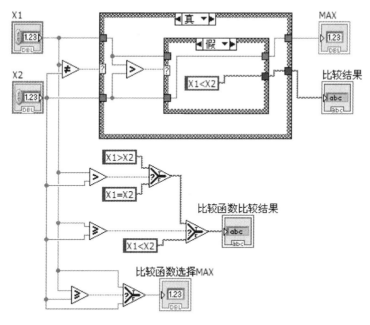

图 4 - 16　用 CASE 结构和比较函数比较两个数大小的程序框图

　　CASE 条件结构的分支选择条件端子还有整型、字符串型和枚举型,对应的分支就不是真、假两个了。原则上来说,其可能值是无穷的,因此必须设定默认分支,当条件选择端子无法找到匹配的条件时,就执行默认分支。条件标签还可以是一段数值,如图 4 - 18 所示,用一个随机数乘以 150,减 30,模拟 -30～120 ℉ 及人体感受,温度

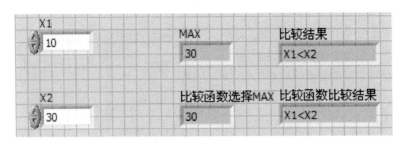

图 4 - 17　用 CASE 结构和比较函数比较两个数大小的用户界面

输出值作为 CASE 结构的分支选择端子;图中-30～120 ℉的浮点型的温度值被强制转换成整型,CASE 结构的真、假分支转化成 0、1 分支,并自动将 0 分支标注为默认分支。

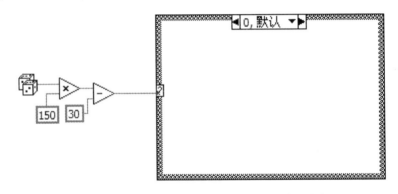

图 4 - 18　条件端子为整型的 CASE 结构默认分支

　　按人体对温度的感受,将-30～120 分为 6 段:-30～-1 人体感觉寒冷,0～32 感觉冷飕飕,33～60 感觉像秋天般凉爽,61～75 感觉如沐春风,76～96 感觉像夏天,97 以上感觉非常炎热。条件分支需要扩充到 6 个与温度段对应。将 0 分支默认标签用编辑文本工具改为-30..-1,表示-30～-1 ℉区间,以字符串形式输出人体感受"It is too cold for humans in here!"到条件结构输出数据隧道;将 1 分支标签用编辑文本工具改为 0..32,表示 0～32 ℉区间,输出人体感受"It is freezing in here!"到条件结构输出数据隧道,单击 CASE 结构框,再点击鼠标右键,选择在后面添加分支,会出现标签为 2 的分支,继续在其后添加 3、4、5 分支。编辑每个分支标签与温度区间相对应,分别将人体感受以字符串形式输出,如图 4 - 19 和图 4 - 20 所示。

　　条件结构中的一个分支可以对应多个条件,不同分支的条件必须是唯一的,一个条件出现在不同分支标签中,VI 会报错。需要注意的是 CASE 结构数据输出隧道,从图 4 - 19 可以看出,数据流入条件结构时输入端在结构外侧,输出端在结构内侧;数据流出条件结构时,正好相反。条件结构每个分支都必须为输出隧道的输入端提供一个数据,否则 VI 出错。

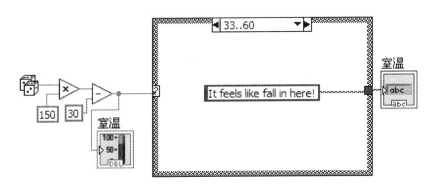

图 4 - 19 条件端子为整型的 CASE 结构的选择分支

程序框图禁用结构与条件结构有些类似,该结构中可以有多个分支,但是只有一个名为启用的分支才能运行,其他的分支都是禁用的;多分支在程序调试阶段常用,用于定位错误代码,用于观察中间数据等,程序正式发布后禁用。

条件禁用结构与程序框图禁用结构类似,常用于跨平台的程序中,为了程序适用于不同的

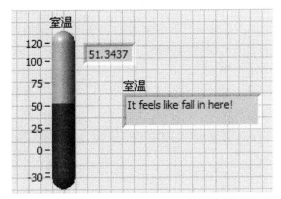

图 4 - 20 温度显示 CASE 结构用户界面

操作系统,把针对不同操作系统的代码分别写在条件禁用结构的不同分支。

事件结构与条件结构类似,事件结构是根据发生的事件决定执行哪个分支,有事件发生时,事件结构会感知,不需要用数据线把事件连接至事件结构。事件结构由结构框、事件标签、事件数据节点和超时接线端组成。事件标签默认事件是超时,单击结构框体,右键选择添加事件分支,选择编辑本分支所处理的事件,编写代码,然后就可以根据发生事件执行对应分支了。事件源共分为 6 大类:应用程序、本 VI、动态、窗格、分隔栏、控件。应用程序事件反映应用程序状态的变化,如关闭、超时等;本 VI 事件反映当前 VI 状态的变化,如用户界面的调整和菜单栏的选择;动态事件用于处理用户自己定义的事件;窗格事件指和某一窗格有关的事件,默认情况下用户界面就是一个窗格;分隔栏事件指与分隔栏相关的事件;控件事件指界面上与控件相关的所有事件。

4.3.3 顺序结构

顺序结构是 VI 的基本结构,因为顺序结构的作用,使程序框图按规定的顺序执行,每个执行单元称为帧,在顺序结构的每一帧中,数据依赖性决定了节点的执行顺

序。顺序结构有两种类型:平铺式顺序结构和层叠式顺序结构。使用顺序结构应谨慎,因为部分代码会隐藏在结构中。与条件结构不同,顺序结构的隧道只能有一个数据源。而输出可以来自任意帧。与条件结构类似,平铺式或层叠式顺序结构的所有帧都可以使用输入隧道的数据。

当平铺式顺序结构的帧都连接了可用的数据时,结构的帧按照从左至右的顺序执行。每帧执行完毕后会将数据传递至下一帧。这意味着某个帧的输入可能取决于另一个帧的输出。

图 4 - 21 和图 4 - 22 是利用平铺顺序结构进行计时的 VI 程序框图和用户界面。打开空白程序框图,点击鼠标右键,弹出函数选板,选择编程子选板,选择结构,单击平铺顺序结构,拖至适当位置释放,程序框图上出现平铺顺序结构的一个帧,右击结构边框,选择在其后添加帧选项,会得到平铺顺序排列的帧。在第 1 帧里添加已用时间快速 VI,选择获取起始时间选项;第 2 帧里添加时间延迟快速 VI,位置同上;第 3 帧里添加已用时间快速 VI,使用当前日期和时间选项,各个帧的数据通过数据隧道按顺序结构传送。在第 3 帧里完成蜂鸣时间计算,并在用户界面显示该结果。高亮运行时结果与预设结果相差很大,但可以观察数据流,实际计算结果应该在无高亮的状态下运行。

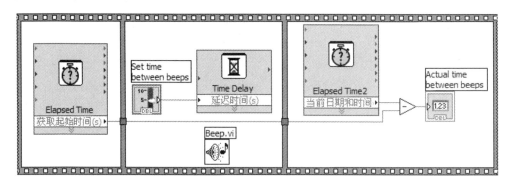

图 4 - 21　平铺顺序结构计时的 VI 程序框图

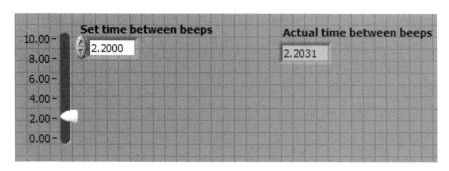

图 4 - 22　平铺顺序结构计时的用户界面

平铺式顺序结构直观,但是当帧比较多的时候,这种结构占用程序框图空间太

大,这时可以使用层叠式顺序结构。将图 4-21 所示 VI 的平铺式顺序结构转换为层
叠式顺序结构,操作为:右击结构边框,选择替换为层叠式顺序选项,程序框图变成
图 4-23。此时用户界面不变,还是如图 4-22 所示,程序框图结构层变得不直观。
层叠式顺序结构由框体、选择器标签和顺序局部变量组成。图 4-23 选择器标签表
明层叠式顺序结构分为 0、1、2 三层,当前层为 0 层,另外两层被遮盖了,在程序框图
上可通过选择器标签改变层叠式顺序结构的当前层。

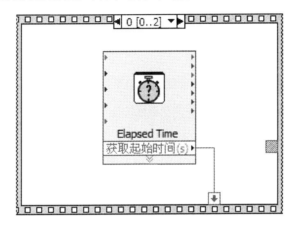

图 4-23　层叠式顺序结构计时 VI 程序框图 0 层

　　层叠式结构层与层之间数据的传递通过顺序结构局部变量实现,图 4-23 中结
构体边框上带箭头的方块就是顺序局部变量,右击结构边框,可以选择添加顺序局部
变量。因为本例是从平铺顺序结构转化而来的,所以顺序局部变量是自动生成的。
在 0 层中顺序局部变量接收起始时间数据,箭头指向结构体外面,表示数据通过这个
局部变量流出当前层;在 1 层中该数据只是流经该层,未参与计算,流进之后又流出,
如图 4-24 所示;在 2 层中数据通过顺序局部变量流进参与计算,如图 4-25 所示。

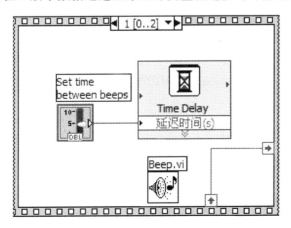

图 4-24　层叠式顺序结构计时 VI 程序框图 1 层

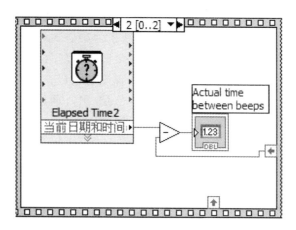

图 4 - 25　层叠式顺序结构计时 VI 程序框图 2 层

4.3.4　定时结构

当 VI 需要利用专门的信号采集设备对数据进行高精度采集时,如果还按前述的模式在 FOR 结构和 WHILE 结构中加定时函数节点的话,那么定时采样的精度就不够了,需要采用硬件定时功能。

大多数数据采集设备本身都带有硬件定时功能,在使用数据采集设备时,通常不是由程序来控制采样率,而是在硬件上直接设置数据采集设备的定时器。如果程序是在嵌入式设备上运行的,则需要采用软件定时,可以使用定时循环结构,通过选择函数→结构→定时结构子选板来编写软件控制。

4.4　变量和公式节点

打开函数→结构子选板,其中,局部变量、全局变量、共享变量和公式节点不是结构选项。全局变量和局部变量是 LabVIEW 用来传递数据的工具。LabVIEW 编程是一种数据流编程,它是通过连线来传递数据的。如果一个程序太复杂,连线会很困难,程序看起来会很乱,用局部变量可以使程序框图更简洁,而全局变量主要是在不同的 VI 程序之间进行通信。

4.4.1　局部变量

局部变量和前面述及的层叠式顺序结构的局部变量不一样,它是对用户界面上的控件进行读/写操作的。我们知道用户界面的控件有输入和输出之分,输入控件是数据源,只能流出数据,输出控件是显示器,只能接收数据,当需要输出控件的数据参与后面的运算时,可以通过创建该输出控件的局部变量,改变局部变量的读取和写入属性,达到上述目的。

综上所述,局部变量一定是针对某一控件而言的,称为某个控件的局部变量。其创建步骤为在程序框图上选择控件端子右击,然后选择创建局部变量选项,则该端子的局部变量就出现在程序框图上。通过局部变量,可向输入控件写入数据和从显示控件读取数据;通过局部变量,用户界面对象既可作为输入访问也可作为输出访问。

图 4 - 26 所示为局部变量范例(位于 labview\examples\general\locals.llb)的用户界面,用一个开关控制两个 WHILE 循环,其程序框图如图 4 - 27 所示。

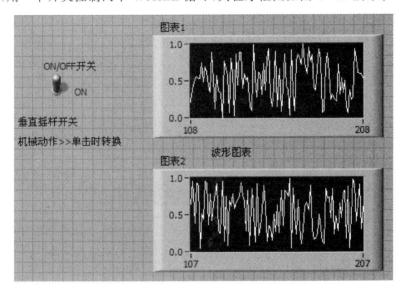

图 4 - 26 局部变量范例用户界面

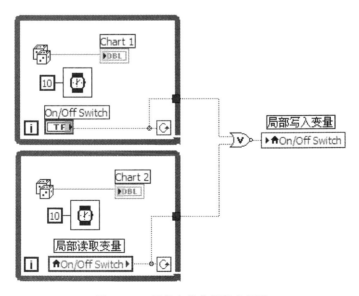

图 4 - 27 局部变量范例程序框图

从图 4-26 可以看出,用户界面的 ON/OFF 开关用于控制 CHART1 所在循环,CHART2 所在循环由 ON/OFF 开关的局部变量控制,二者是或逻辑关系。任何一个循环体收到停止信号则 2 个 CHART 都不再收到数据。

4.4.2　全局变量

全局变量与局部变量不同,它是在不同的程序之间进行通信。LabVIEW 的全局变量是一个独立的 VI,它是一种特殊的程序,没有程序框图只有用户界面,功能是保存一个或多个全局变量,所以也把全局变量程序称为"容器"。

全局变量建立很简单,将全局变量拖拽到程序框图中,在它的快捷菜单中选择打开用户界面选项,或双击全局变量图标,打开全局变量程序用户界面,然后在用户界面中添加所需要的全局变量控件。如图 4-28 所示,添加了 3 个全局变量,并保存VI。建立了全局变量以后就可以在其他程序里面调用它,方法是:在程序框图上右击,在函数选板上选中"选择 VI...",可以看到此时的全局变量已经含有数据信息,这从外观颜色的变化上可以看出。

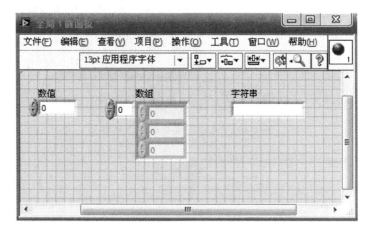

图 4-28　全局变量

4.4.3　共享变量

共享变量(Shared Variable)是 LabVIEW 8.0 之后新增加的一种变量形态,必须使用项目(Project File)才能够建立共享变量,且共享变量建立完后会放置在 Library文档中。共享变量和全局变量功能接近,都可以在不同的 VI 间进行数据的传递,共享变量增加了网络数据资源传递功能。

在 LabVIEW 启动界面选择新建项目,在项目浏览器"我的电脑"上右击,在弹出的快捷菜单上选择新建→变量→共享变量,进入属性界面设定参数,可以设定变量名称、数据类型和变量类型。若选择网络发布,则该变量就可以通过网络来进行数据的传输。设定好以后,单击确定按钮就可完成变量建立,直接将该变量用鼠标拖曳到程序框图中即可,程序间共享该变量可以通过改变变量的读取和写入模式来完成。

4.4.4　公式节点

　　LabVIEW 中的公式节点非常接近 C 语言语法。"非常接近 C"是因为在一些细节上它和 C 还是有些许差别。公式节点操作步骤:在程序框图界面上右击,然后在弹出的函数选板上依次选择编程→结构→公式节点。在公式中可以使用下列内置函数:abs、acos、acosh、asin、asinh、atan、atan2、atanh、ceil、cos、cosh、cot、csc、exp、expm1、floor、getexp、getman、int、intrz、ln、lnp1、log、log2、max、min、mod、pow、rand、rem、sec、sign、sin、sinc、sinh、sizeOfDim、sqrt、tan 和 tanh。

4.5　本章小结

　　本章叙述了 VI 程序结构、变量和公式节点,包括 LabVIEW 基本函数节点、FOR 和 WHILE 循环结构、CASE 条件结构、顺序结构、定时结构、局部变量、全局变量、共享变量和公式节点,其中几个重要的执行过程控制快速 VI 在函数选板和结构子选板下都有;还叙述了定时函数节点和 WHILE 循环在信号采集和分析中的应用。

本章习题

　　4-1　用 FOR 循环产生 4 行 100 列的二维数组,数组元素如下:

$1,2,3,\cdots,100$

$100,99,98,\cdots,1$

$6,7,8,\cdots,105$

$105,104,103,\cdots,6$

从上述二维数组中取出 2 行 50 列子数组,数组元素如下:

$50,49,48,\cdots,1$

$56,57,58,\cdots,105$

将结果显示在用户界面上。

　　4-2　产生 100 个随机数,选最大值、最小值,求平均值。用时间延长快速 VI(TIME DELAY EXPRESS VI),使用户能观察数值更新。

　　4-3　构建 VI,每秒显示 0~1 的随机数,计算并显示最后产生的 4 个随机数的平均值,只有产生 4 个随机数后才能显示平均值,否则为 0。每次随机数大于 0.5 时蜂鸣器报警。

　　4-4　创建 VI,在用户界面放置 3 个圆形 LED,程序运行时,第一个灯打开并保持打开状态,1 s 后第二个灯打开并保持打开状态,再过 2 s 第三个灯打开并保持打开状态,所有灯都保持打开状态 3 s 后熄灭。

4-5　创建一个计时测试程序,比较公式节点和 LabVIEW 数学函数的平均执行时间。此程序需要一个 FOR 循环,一个单层顺序或叠层顺序结构,一个 CASE 结构,要求 FOR 循环运行计时 N 次,然后使用统计快速 VI(STATISTICS EXPRESS VI)对结果计算平均值,要求顺序结构在程序运行前和运行后对 TICK COUNT 进行采样,对每个分支运行计时测试程序,哪种方法执行最快? 哪种方法容易编程? 哪种方法别人容易理解?

4-6　程序开始运行后,要求用户输入一个口令,口令正确时滑动按钮显示一个 0～100 的随机数,否则程序立即停止。

4-7　编写一个程序,测试在程序用户界面上输入以下字符所用的时间:A VIRTUAL INSTRUMENT IS A PROGRAM IN THE GRAPHICAL PROGRAMMING LANGUAGE.

4-8　编程求 Josephus 问题:M 个小孩围成一圈,从第一个小孩开始顺时针方向每数到第 n 个小孩时这个小孩就离开,最后剩下的一个小孩是胜利者。求第几个小孩是胜利者。

4-9　猴子吃桃子,每天吃全部桃子的一半零一个,到第十天剩下一个桃子,求第一天猴子摘了多少个桃子?

4-10　编程水仙花数。指一个 3 位数,它的各位数字立方和等于它本身,如:$371 = 3^3 + 7^3 + 1^3$。

4-11　编程求 1 000 以内的完数。完数指一个数恰好等于它本身的因数之和,如:$28 = 14 + 7 + 4 + 2 + 1$。

4-12　利用公式节点实现 VI 设计,

$$\begin{cases} y_1 = 10 \sin a + b \\ y_2 = a^3 + b^2 + 100 \end{cases}$$

输入变量为 a 和 b,输出分别为 y_1 和 y_2。

第 5 章　控件的操作和图形显示

控件的类型按输入/输出分为输入控件和显示控件,在用户界面和程序框图上一一对应,输入控件和显示控件在程序框图上分别由数据的流出和流入指示;按数据类型分为数值型、布尔型、字符串型、数组、簇等,不同的数据类型在程序框图上图标颜色和连线颜色形式不一样;按表现形式分为图形、表格和下拉菜单等形式,用户界面的表现形式虽然五花八门,但对应的程序框图不同的数值类型表现形式如图 3-3 所示。

5.1　控件风格的选用及数据类型描述

在用户界面上点击鼠标右键,可以看到控件选板中有新式、银色、系统、经典和快速用户控件选项。这些控件风格各异,可以适应不同的应用领域。经典风格控件从 LabVIEW 最早版本就有了,新式风格与经典相对,是随着版本的更新不断添加的,追求美观和立体效果。系统风格的控件,顾名思义就是其外观与操作系统保持一致,会随着操作系统不同而随之调整。系统风格控件的外观可供自定义的余地较小,银色风格控件是 LabVIEW 2011 后增加的一套新型控件,使界面设计更现代。虚拟仪器主要用于测试测量领域,界面设计应尽量与真实仪器界面一致,例如范例中的虚拟示波器用户界面就是模仿传统的示波器,由一个大大的波形显示控件和通道选择、水平方向范围旋钮、垂直调节和开关等组成。为了使用户如操作传统示波器一样操作虚拟示波器,用户界面编辑用的依旧是经典风格的控件,而没有随着 LabVIEW 版本的更新选用更新式、更现代的控件风格。

控件风格的选用与显示器及其设置有关。选择工具→选项,从类别列表中选择前面板,可改变控件样式。许多用户界面对象具有高彩外观,为了获取对象的最佳外观,显示器最低应设置为 16 色位。位于银色和新式选板上的控件也有相应的低彩对象,经典选板上的控件适于创建低色显示器上显示的 VI。

打开任何一种风格的控件,都可以看到基本的几个控件类型:数值型、布尔型、数组、矩阵与簇型、下拉列表与枚举型和图形型等,可以用来编辑用户界面上的输入控制和输出显示,下面分述之。

5.1.1　数值型

位于数值和经典数值选板上的数值对象,可用于输入和显示数值数据。数值型控件中主要有数值显示框、滑动杆、旋钮、转盘、滚动条和时间标识等控件。数值型控件是输入和显示数值数据的最简单方式。这些用户界面对象可在水平方向上调整大小,以显示更多位数。各种风格的数值型控件虽然面目各异,但对应的程序框图端子是一样的,还有枚举型控件也和数值型控件一样具有相同的数据类型。

　　滑动杆控件和旋转型控件是模拟实际仪表的图形控件。滑动杆控件包括垂直和水平滑动杆、液罐和温度计,旋转型控件包括旋钮、转盘、量表和仪表。通过这些控件可以修改刻度形式,可以用文字编辑工具修改量程范围,可使用调节大小工具改变图形的大小。使用下列方法可以改变滑动杆控件或旋转型控件的值:

　　① 使用操作工具单击或拖曳滑块或指针至新的位置;

　　② 打开数值控件的数字显示,在数字显示框中输入新数据。

　　滚动条控件与滑动杆控件相似,是用于滚动数据的数值对象,可以用来描述某个进程的进度。滚动条控件有水平滚动条和垂直滚动条两种。使用操作工具单击或拖曳滑块至一个新的位置,单击递增和递减箭头,或在滑块和箭头之间单击,都可以改变滚动条的值。

　　时间标识控件用于向程序框图发送或从程序框图获取时间和日期值。用户可配置时间标识控件的时间和日期。

　　一般根据数据需要表达的实际意义来选择控件,如生产流程中的油罐、模拟汽车仪表盘等。以在用户界面上放置新式数值输入控件为例,用鼠标右键点击该控件,弹出的快捷菜单被分割为 6 个区域,其中包括显示、说明、数据操作、表示法、自定义和属性。在表示法选项里,可以选择数据类型,如是整型还是双精度型;在属性选项里,可以确定数值范围和显示格式。数值控件一般最多显示 6 位数字,超过 6 位自动转换为以科学计数法表示。需要注意的是,所选精度仅影响数值的显示,数值的内部精度由表示法本身决定。

　　选择表示法需要兼顾程序运算的要求和运行效率。如 I16 表示法数值范围是 $-32\,768 \sim 32\,767$,数字类型是整型;U16 表示法数值范围是 $0 \sim 65\,535$,数字类型是无符号整型。如图 5-1 所示,两个数相乘的结果分别用 DBL、I16 和 U16 表示法表示,当输入量为 100 乘以 100 时,三个计算结果都是 10 000;当输入量为 100 乘以 -100 时,结果分别为 $-10\,000$、$-10\,000$ 和 0;当输入量为 200 乘以 200 时,结果分别为 40 000、32 767 和 40 000;当输入量为 200 乘以 -200 时,结果分别

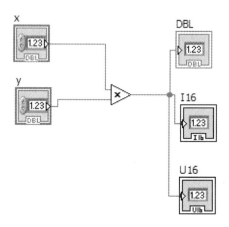

图 5-1　不同表示法对计算结果的影响

为 $-40\,000$、$-32\,768$ 和 0;当输入量为 300 乘以 300 时,结果分别为 90 000、32 767 和 65 535;当输入量为 300 乘以 -300 时,结果分别为 $-90\,000$、$-32\,768$ 和 0。当运

算结果超过表示法支持的数值范围时,结果就用数值范围的上下限表示,导致计算结果失真,所以选择表示法一定要满足程序计算要求。如果为了保证运算结果的正确就全部采用实数运算,则会导致程序运行速度大打折扣,所以当运算结果能够以整数表示时最好用整数表示,以提高运行速度。对整数而言,使用 32 位有符号整型是最佳选择。

　　通常对于浮点标量数据而言,使用双精度浮点类型是最佳选择。处理单精度浮点数并不比处理双精度浮点数明显节省时间,与双精度浮点数相比,单精度浮点数更容易溢出。扩充精度浮点数运算的速度和精度与平台有关,只有在必要时才使用扩充精度的浮点型数值。

　　当程序在编辑状态下为数值控件输入一个新的数值时,工具栏上会出现确定输入按钮,单击确定输入按钮,或按下回车键,或在数字显示框外单击,新数值会替换旧数值。当程序在运行状态下要改变输入数值时,输入控件会将中间值传给 VI,刷新率取决于 VI 读取该输入控件的频率。

　　数值型控件和常量都可以带数量单位,右击用户界面数值控件,在快捷菜单上选择显示单位标签,数值控件右边将出现输入框,在此输入数值单位。注意,一定要用数值单位英文字母的缩写来表示,否则程序无法识别,输入框里会出现一个问号;如果不知道数值单位正确的拼写,右击该标签,选择创建单位字符串,即可在单位选项中选择正确的单位标签。LabVIEW 具备数值型数据单位一致性检查,所以编写 VI 应尽量使用带单位的数值控件。

　　数据从同一单位系列的某一个单位转换到其他单位时,数值会自动计算,如年、月、日之间的自动转换。图 5-2 所示为时间单位"年"与"天"的换算。对不同单位系列的控件进行赋值或运算,程序是不支持的,如时间单位"月"和长度单位"米"不能进行运算。

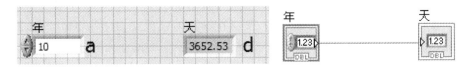

图 5-2　时间单位"年"与"天"的换算

5.1.2　布尔型

　　布尔输入控件和显示控件可用于创建按钮、开关和指示灯,用于输入并显示布尔值(TRUE/FALSE)。在快速控件选板上,按钮和开关在一起,虽然控件图形各异,但基本操作一样,都有 6 种机械动作。指示灯为单独一个快速控件选板,有圆形和方形两种,用于图形报警,如监控一个实验的温度时,可在用户界面上放置一个布尔报警灯,当温度超过一定水平时可发出警告。

5.1.3　字符串型

字符串是一组可显示或不可显示的 ASCII 字符,提供了一个独立于操作平台的信息和数据格式。常用的字符串操作包括:

① 创建简单的文本信息。

② 发送文本命令至仪器,以 ASCII 或二进制字符串的形式返回数据,然后转换为数值,从而控制仪器。

③ 将数值数据存储到磁盘。如需将数值数据保存到 ASCII 文件中,须在数值数据写入磁盘文件前将其转换为字符串。

④ 用对话框指示或提示用户。

在用户界面上,字符串输入控件和显示控件可作为文本输入框和标签。对应编程应用的有对字符串进行操作的内置 VI 和函数,可对字符串进行格式化、解析字符串等编辑操作。字符串有 4 种显示类型,右击用户界面上的字符串输入控件或显示控件,在快捷菜单中可选择显示类型;也可右击字符串控件,从快捷菜单中选择显示项→显示格式,可以在字符串控件内显示当前格式的符号。

字符串函数可通过以下方式编辑字符串:

① 查找、提取和替换字符串中的字符或子字符串。

② 将字符串中的所有文本转换为大写或小写。

③ 在字符串中查找和提取匹配模式。

④ 从字符串中提取一行。

⑤ 将字符串中的文本移位和反序。

⑥ 连接两个或多个字符串。

⑦ 删除字符串中的字符。

图 5 - 3 和图 5 - 4 是将一维数组转换成字符串的 VI。该范例演示了 ASCII 数据字符串和二进制数据字符串的不同,保存在字符串函数编辑字符串范 examples\general\strings.llb\Binary vs ASCII.vi 中。该目录下还有其他相关范例可以参考。

如需在另一个 VI、函数或应用程序中使用数据,通常须先将数据转换为字符串,再将字符串格式化为 VI、函数或应用程序能够读取的格式。例如,Microsoft Excel 用分隔符分隔数字或单词,并存入单元格,分隔符有制表符、逗号和空格。如果要通过写入文本文件函数将一维数组写入电子表格,则必须将数组格式化为字符串,然后将各个数字用制表符隔开。打开函数→编程→文件 I/O,可将字符串保存到文本和电子表格文件中。

在很多情况下,必须在字符串函数的格式字符串参数中输入一个或多个格式说明符,以格式化字符串。格式说明符是一个指明数值数据与字符串间如何相互转换的代码,如格式说明符"%x"可以将十六进制整数与字符串相互转换。

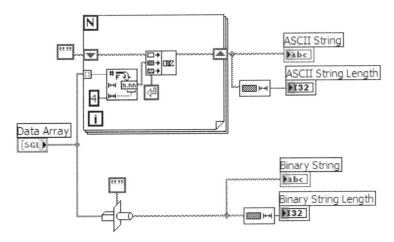

图 5 - 3　一维数组转换成字符串的 VI 程序框图

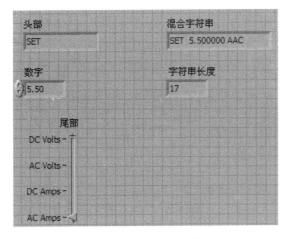

图 5 - 4　一维数组转换成字符串的用户界面

5.1.4　数组和簇

　　数组、矩阵与簇型控件可用来创建数组、矩阵与簇。数组是同一类型数据元素的集合。簇将不同类型的数据元素归为一组。矩阵是若干行列实数或复数数据的集合,用于线性代数等数学操作。

　　所有类型的数据都可以作为数组元素,但数组本身不能作为另一个数组的元素。数组由维度、每个维度的长度和元素组成。数组有专门的运算函数,如数组索引、数组合并、数组比较、数组初始化等。

　　图 5 - 5 和图 5 - 6 分别为数组范例的程序框图和用户界面,演示了二维数组索引第 1 列的结果为一维数组,索引第 2 行的结果也是一维数组,索引第 1 行第 0 列的

结果是数值标量，索引函数的使用见程序框图。

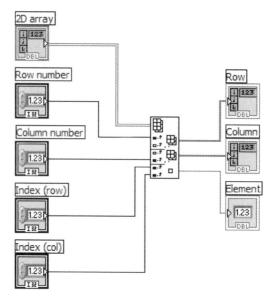

图 5-5　二维数组索引的 VI 程序框图

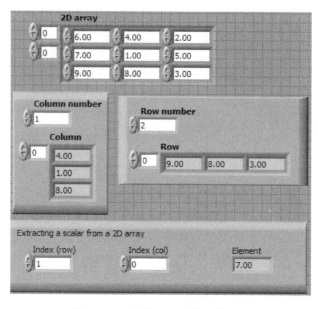

图 5-6　二维数组索引的用户界面

　　簇用于把多个不同类型的数据归为一组，最常见的簇是标准错误输入/输出簇，由布尔型数据、数值型数据和字符串组成，分别对应错误状态、错误代码和错误源。簇也有专门的运算函数，包括簇的捆绑、解包等。

图 5-7 和图 5-8 分别为簇范例的程序框图和用户界面,演示了由 FOR 循环生成含有 25 个元素的一维数组,用簇捆绑工具捆绑成簇,包括设定起始点(起始点由用户界面输入)、设定步长(为 1),结果用图形表示。这样图形的横坐标起始点和步长、簇设定的一致,纵坐标和一维数组的元素值一致,图形如图 5-8 所示。如果不捆绑,直接将一维数组用图形表示,则起始点只能为 0,终点为 24,步长默认为 1。

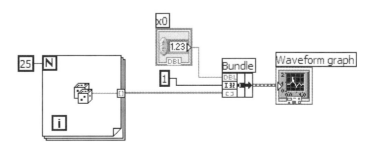

图 5-7 簇捆绑的 VI 程序框图

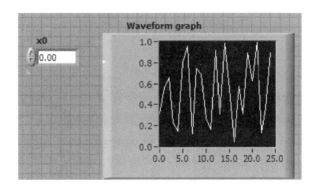

图 5-8 簇捆绑的用户界面

5.1.5 下拉列表与枚举型

任何一种风格的控件都有下拉列表与枚举型控件。见图 5-9,下拉列表与枚举型控件包括 4 种下拉列表和 1 种枚举型控件,用于提供一个可供选择的项列表。选择项的编辑通过在用户界面右击下拉列表或枚举型控件实现,编辑的项目包括外观、数据类型、数据输入、显示格式、编辑项、说明信息和数据绑定。

下拉列表与枚举型控件虽然形式多样,但在程序框图上都表现为整型数值形式。如图 5-10 所示是信号发生器选择不同类型信号的下拉列表与枚举型选项,文本下拉列表与图片下拉列表形式集中了文字的确定性和图片的直观性,将数值与字符串或图片建立关联。下拉列表控件以下拉菜单的形式出现,可在循环浏览的过程中做出选择,通常作为 CASE 结构的选择条件,程序运行时通过选择已有的选择项改变输入条件。图 5-11 下拉列表选项对应图 5-12 程序框图 CASE 结构的条件端子。

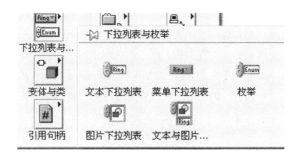

图 5－9　下拉列表与枚举型控件

选项列出了三种测量方式，分别对应 CASE 结构的三个选择分支 0、1、2，范例位于 examples\general\cntrlref.llb\Showing and Hiding Options.vi 中。

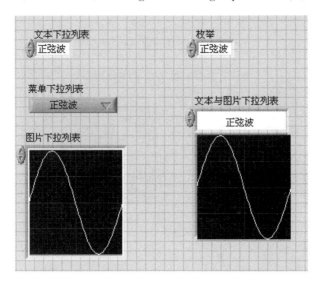

图 5－10　信号发生器选择不同类型信号的下拉列表与枚举型选项

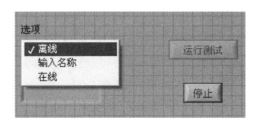

图 5－11　下拉列表选项范例的用户界面

　　如果将下拉列表与枚举型控件和任何数值相连，则该下拉列表和枚举值将被强制转换为数值。如需将枚举输入控件与枚举显示控件相连接，显示控件和输入控件中的项必须相互匹配，显示控件的项可以多于输入控件的项。如果将一个浮点值连

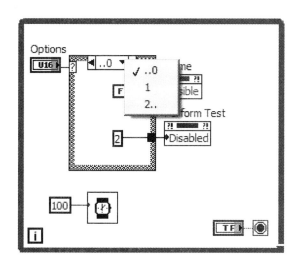

图 5 - 12　下拉列表选项范例的程序框图

接到一个枚举显示控件,则该浮点值将被强制转换为最接近的数值。

枚举型控件与下拉列表控件的不同之处如下:

① 枚举控件的数据类型包括控件中所有数值及其相关字符串的信息,下拉列表控件仅仅是数值型控件。

② 枚举控件的数值表示法有 8 位、16 位和 32 位无符号整型,下拉列表控件可有其他表示法。

③ 将枚举型控件连接至条件结构的选择器接线端时,LabVIEW 将控件中的字符串与分支条件相比较,而不是控件的数值;在条件结构中使用下拉列表控件时,LabVIEW 将控件项的数值与分支条件相比较。

④ 将枚举型控件连接至条件结构的选择器接线端时,可右击结构并选择为每个值添加分支,为控件中的每项创建一个条件分支;如连接一个下拉列表控件至条件结构的选择器接线端,必须手动输入各个分支。

5.1.6　变体型

LabVIEW 中有一种特殊的数据类型叫变体,位于新式风格控件下,其他风格控件中没有这种数据类型,见图 5 - 13。变体是可以容纳所有数据类型的一个容器,可以传入几乎所有的数据类型。有些情况下,可能需要 VI 以通用的方式处理不同类型的数据,可为每种数据类型各写一个 VI,会出现有多个副本的 VI,较难维护。这个时候可以使用

图 5 - 13　变　体

变体将其他数据转换为变体,使数据统一。变体能存储转换后的数据和数据的原始类型,需要时变体数据可以逆向转换成原数据。

　　变体其实存储了两部分内容。第一部分是数据类型的描述,第二部分就是数值本身的存储了,因此在将数据类型的值转为变体时,不仅存储了该值,还有相应类型的描述。在从变体转为数据类型时,需要知道原来的数据类型,然后与之匹配转换出原值。这个功能看似将数据转来转去,多此一举,而且数据类型弄错就会导致错误的数据,但是变体是非常有用的,就像 C 语言中的万能指针一样,当不确定需要传入的数据为何种类型时,其使用价值就体现出来了。上面在传入数据类型不确定时使用变体很有用,还有一点就是对 ActiveX 控件数据的传输,比如 MSCOMM 控件,还有数据库相关的 DCT 工具中数据的存取等,都会用到是变体。

　　变体使用的最大问题应该就是数据类型的确定了,这也是变体本身的属性决定的。许多时候,在使用 ActiveX 控件时,并不知道变体是如何将数据转换成更加底层的数据的,也就是,只使用到变体至数值或者是数值至变体中的一个。变体是从 ActiveX 中传来的,这时必须详细了解该 ActiveX 变体所支持的数据类型,否则编程中会出现非常奇怪的数据错误问题。比如该 ActiveX 控件的变体只支持字符串和一维字节数组的传入,但由于没有了解到这一点,在编程时给 ActiveX 控件变体传入了float 型数值,程序上并没有错误,但是 ActiveX 控件得到的数据并非需要的,经过转换后得到的是错误的数值,结果就会出现莫名其妙的问题了。

5.2　图形显示

　　图形显示控件常用的有 CHART 图表、GRAPH 图形和 XY GRAPH 图形三种,位于快速 VI 下,控件选板下的各种风格选项中有更多类型的图形和图表。

5.2.1　波形图和波形图表

　　波形图和波形图表主要功能如下:
　　① 波形图和波形图表显示采样率恒定的数据。
　　② XY 图显示采样率非均匀的数据及多值函数的数据。
　　③ 强度图和强度图表在二维图上以颜色显示第三个维度的值,从而在二维图上显示三维数据。
　　④ 数字波形图以脉冲或成组的数字线的形式显示数据。
　　⑤ 混合信号图显示波形图、XY 图和数字波形图所接受的数据类型,同时也接受包含上述数据类型的簇。
　　⑥ 二维图片在二维用户界面图中显示二维数据。
　　⑦ 三维图形在三维用户界面图中显示三维数据。
　　只有安装了 LabVIEW 完整版和专业版开发系统才可使用三维图形控件。ActiveX

三维图形在用户界面 ActiveX 对象的三维图中显示三维数据，ActiveX 三维图形控件仅在 Windows 平台上的 LabVIEW 完整版和专业版开发系统上可用。关于各种图形和图表的范例位于 examples\general\graphs 中。

波形数据类型包含波形的数据、起始时间和时间间隔(Δt)。可使用"创建波形"函数创建波形。默认状态下，很多用于采集或分析波形的 VI 和函数都可接收和返回波形数据类型。将波形数据连接到一个波形图或波形图表时，该波形图或波形图表将根据波形的数据、起始时间和 Δt 自动绘制波形。将一个波形数据的数组连接到波形图或波形图表时，该图形或图表会自动绘制所有波形。

波形图用于显示均匀采集的测量值，可以显示一条曲线，也可以多条曲线同时显示。波形图仅绘制单值函数，即 $y=(x)$ 形式，各点沿 x 轴均匀分布，如一个随时间变化的波形。波形图可显示包含任意个数据点的曲线，可以接收多种数据类型，常用于实际测量信号的采集，和它类似的还有数字波形图，顾名思义只能用于显示数字数据。

当在波形图中显示单条曲线时，对应的是一个一维数值数组，其中每个数据被视为图形中的点，默认从 $x=0$ 开始，以 1 为增量递增。当把该数组利用簇工具打包设定初始 x 值、递增值 Δx 时，对应的波形图包含了波形的数据、起始时间和时间间隔(Δt)。图 5 - 14 所示为波形图与一维数组的 VI 程序框图，10 个波形数据在 Graph 1 中，横坐标从 0 开始，以 1 递增，经簇捆绑后，横坐标从 0 开始，以 0.1 递增，波形图如图 5 - 15 所示。

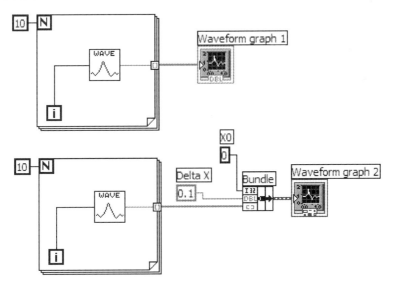

图 5 - 14 波形图与一维数组的 VI 程序框图

当在波形图中显示多条曲线时，对应的是一个二维数值数组，数组中的一行即一条曲线。波形图将数组中的数据视为图形上的点，默认从 $x=0$ 开始以 1 为增量递

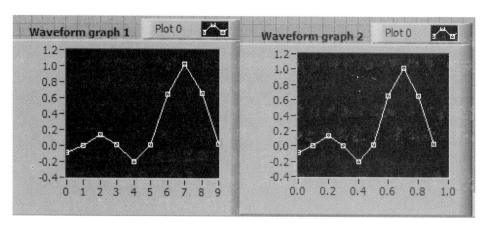

图 5 - 15　波形图与一维数组的用户界面

增。也可以用簇捆绑工具设定起始点和步长。多曲线波形图尤其适用于 DAQ 设备的多通道数据采集。DAQ 设备以二维数组的形式返回数据,数组中的一列即代表一路通道的数据。

图 5 - 16 和图 5 - 17 所示的波形图表和波形图显示了 3 条曲线,包括正弦波、三角波及二者之和,表现形式分别为波形图表和波形图,读者可以自己体会波形图表和波形图的不同之处。在程序框图中,WHILE 结构每循环一次,三角波和正弦波信号发生器就分别产生一个数据;2 个标量数据用簇捆绑工具捆绑后形成簇数据,接入到波形图表;当 VI 程序运行时可以看到波形图表的数据是一个一个更新的,程序停止则数据停止更新,再启动产生的数据继续在波形图表上显示。从图 5 - 17 可以看出,

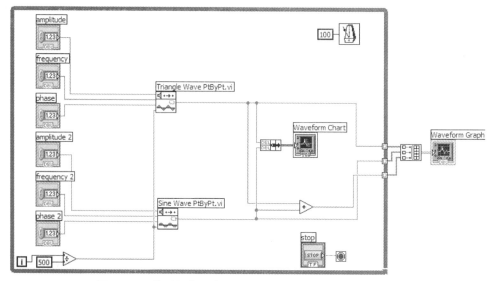

图 5 - 16　波形图表和波形图显示多条曲线的 VI 程序框图

因为程序停止再启动,导致获得的三角波信号明显不一致。因为波形图表会保留来源于此前更新的历史数据,又称缓冲区。右击图表,从快捷菜单中选择图表历史长度选项,可配置缓冲区数据点数量,其默认值为 1 024,向图表传送数据的频率决定了图表更新的频率。

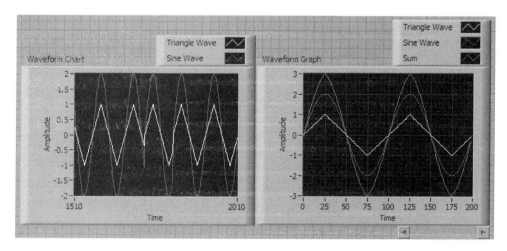

图 5 - 17　波形图表和波形图显示多条曲线的用户界面

　　分别将三角波数据、正弦波数据和二者求和的数据通过数据隧道引出 WHILE 结构外,启用索引,此时输出到 WHILE 结构外的是 3 个一维数组,长度相同。将 3 个一维数组用创建数组工具合成 3 行多列数组,接入波形图,可以同时显示三条曲线。运行 VI 可以看到,只有当程序停止运行时,波形图中的数据才更新。波形图表也可以接收波形数据类型,可以参见波形图表范例带状图表 1 和带状图表 2,位于 examples\general\graphs\charts.llb 中。

　　关于波形图所接收的数据类型以及单条和多条曲线显示,可以参见 Waveform Graph VI 的范例,位于 examples\general\graphs\gengraph.llb 中。从范例中可以看出波形图可以接收包含簇的曲线数组,每个簇包含一个含 y 数据的一维数组,内部数组描述了曲线上的各点,外部数组的每个簇对应一条曲线。如果每条曲线所含的元素个数都不同,应使用曲线数组而不要使用二维数组,例如从几个通道采集数据且每个通道的采集时间都不同时,应使用曲线数组。簇数组内部数组的元素个数可以各不相同。

　　波形图接收一个簇,簇中有初始值 x、delta x 和簇数组 y,簇数组 y 是一维数组。捆绑函数可将数组捆绑到簇中,或用创建数组函数将簇嵌入数组。创建簇数组函数可创建一个包含指定输入内容的簇数组,关于接收该数据类型的图形范例,参见 Waveform Graph VI 的 ($Xo = 10$, $dX = 2$, Y) MultiPlot3 图形,位于 examples\general\graphs\gengraph.llb 中。

　　波形图可以接收动态数据类型,在快速 VI 中常用。动态数据类型除包括对应于信号的数据外,还包括信号信息的各种属性,如信号名称、数据采集日期和时间等,属性决定信号在波形图中的显示方式。当动态数据类型中包含单个数值时,波形图将绘制该数值,同时自动将图例及 X 标尺的时间标识进行格式化。当动态数据类型包含单个通道时,波形图将绘制整个波形,同时对图例及 X 标尺的时间标识自动进行格式化。图 5-18 和图 5-19 分别为波形图接收动态数据类型的用户界面和 VI 程序框图,从程序框图连线可以看出数据类型,从用户界面可以看出 x 轴具有时间标尺。

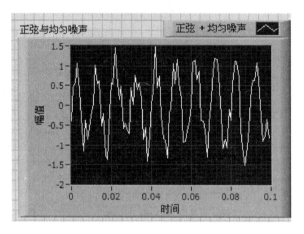

图 5-18　波形图接收动态数据类型的用户界面

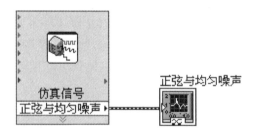

图 5-19　波形图接收动态数据类型的 VI 程序框图

5.2.2　XY 图

XY 图是多用途的笛卡儿绘图对象,用于绘制多值函数,如圆形或具有可变时基的波形。XY 图可显示任何均匀采样或非均匀采样的点的集合。XY 图中可显示 Nyquist 平面、Nichols 平面、S 平面和 Z 平面。XY 图可显示包含任意个数据点的曲线,XY 图接收多种数据类型,从而将数据在显示为图形前进行类型转换的工作量减到最小。

在 XY 图中既可以显示单条曲线也可以显示多条曲线,参见范例 XY Graph VI 的(X and Y arrays)图形,位于 examples\general\graphs\gengraph.llb 中。图 5-20 和图 5-21 所示的单曲线(Single Plot)图形,有两种生成方式。一种是正弦波和步长的标量数据先捆绑成簇,从 FOR 结构出来变成一维簇数组,接入 XY 图,为点数组单曲线,XY 图接收的是点数组,其中每个点是包含 x 值和 y 值的一个簇;另一种是正弦波和步长标量数据引出 FOR 结构时分别构成一维数组,这两个一维数组打包成数组簇接入 XY 图,为 X 和 Y 数组单曲线。

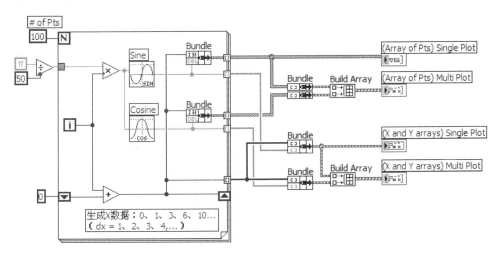

图 5 - 20　XY 图的 VI 程序框图

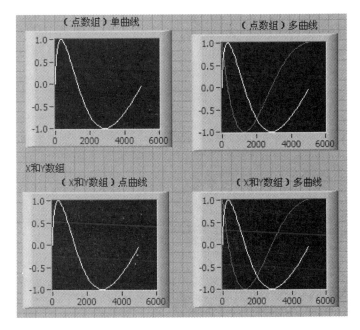

图 5 - 21　XY 图的用户界面

XY 图接收多种数据类型以显示多条曲线,其中每条曲线是包含 X 数组和 Y 数组的一个簇。图 5 - 20 和图 5 - 21 所示的多曲线(Multi Plot)图形,有两种生成方式。一种是正弦波和步长的标量数据捆绑成簇,同时余弦波和步长的标量数据也捆绑成簇,从 FOR 结构出来变成一维簇数组,两个一维簇数组打包之后组成二维数组,接入 XY 图,为点数组多曲线,XY 图接收的是点数组,其中每条曲线为一个点数组,每一个点是包含 x 值和 y 值的一个簇;另一种是正弦波、余弦波和步长标量数据引出 FOR 结构时分别构成一维数组,共 3 个一维数组,其中正弦波和步长打包成数组簇,余弦波和步长打包成数组簇,2 个簇建成二维数组,接入 XY 图,为 X 和 Y 数组多曲线。

如果 XY 图接收复数数组,则其中 x 轴和 y 轴分别显示实部和虚部。XY 图接收曲线簇数组,其中每条曲线是一个复数数组,x 轴和 y 轴分别显示复数的实部和虚部。

5.2.3　强度图和强度图表

强度图和强度图表通过在笛卡尔平面上放置颜色块的方式在二维图上显示三维数据。强度图和强度图表可显示图形数据,如温度图和地形图(以量值代表高度)。强度图和强度图表接收三维数字数组,数组中的每一个数字代表一个特定的颜色。与波形图表一样,强度图表也有一个来源于此前更新而产生的历史数据,又称缓冲区。右击强度图表,从快捷菜单中选择图表历史长度选项,可配置缓冲区数据点数量,其默认值为 128。与图形不同,图表将保留之前写入的历史数据。如果图表连续运行,则历史数据将会越积越多并要求更多的内存空间。图表中存满历史数据后,LabVIEW 将停止占用内存。LabVIEW 不会在 VI 重新打开时清除图表的历史数据,但可以在程序执行的过程中清除图表的历史数据。

强度图或强度图表最多可显示 256 种不同颜色,强度图或强度图表显示的颜色会受到显卡所能显示的颜色和颜色数量的限制,同时还受分配给显示所用的颜色数的限制。强度图和强度图表的范例位于 examples\general\graphs\intgraph.llb 中。强度图类似于强度图表,但它并不保存先前的数据,也不接收刷新模式。每次将新数据传送至强度图时,新数据替换旧数据。和其他图形一样,强度图也有游标。每个游标可显示图形上指定点的 x、y 和 z 值。

5.3　数据类型转换

如前 5.1 节所述,各种数据类型外观和连接线有明显区别,参见图 3 - 3,将不同数据类型的数据直接相连,会发生数据类型不匹配的错误。这样的错误同样会发生在将同一数据类型不同维度的数据直接相连的情况。

如果把两个或多个不同表示法的数值输入连接到一个函数,函数将以较大较宽的那个表示法返回数据。函数执行之前,范围较小的数值格式将被强制转化(coerce)为范围较大的数值格式,在 LabVIEW 中,发生数值转换的连线端口处,将出

现一个强制转化点,如图 5 - 22 所示。数值的任何
一种表示法都可以转换为其他的表示法,某些函数
的输出默认为浮点型,如除法、正弦和余弦函数,如
果将整型数值连接到这些函数的输入端,那么输入

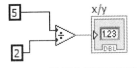

图 5 - 22　数据运算强制转换

的整型数据首先被转换为双精度浮点数,然后才执
行运算。配置函数的定点输出设置时,数值函数的输出接线端上将出现蓝色的强制
转换点。强制转换点会使 VI 消耗更多的内存,并增加其运行时间。

　　创建 VI 时应尽量保持数据类型一致,或者进行明确的转换。明确的转换有专
门的基础转换选板,选择编程→数值→转换,可见如图 5 - 23 所示的基础转换选板。
其中包括不同数值表示法之间的转换、不同控件类型的转换(如字符串到数值)、时间
转换、单位转换和颜色转换。这些转换函数在不同的控件选项里也能找到,具体的使
用说明可在 LabVIEW 帮助中查找转换 VI 和函数。

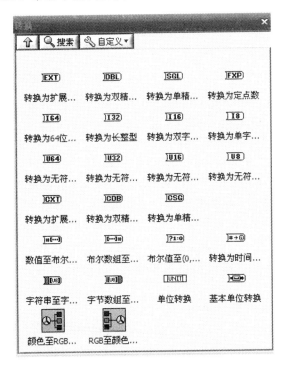

图 5 - 23　基础转换选板函数

　　除了基础转换函数,波形信号可以通过 ⬛⬛⬛⬛⬛ 转换成动态数据,范
例位于 examples \ express \ Convert Waveform to DDT. vi 中;动态数据通过
⬛⬛⬛ 转化成布尔数组,范例位于 examples\express\Convert DDT to Boolean
Array. vi 中;动态数据通过 ⬛⬛⬛ 转化成二维数组,范例位于 examples\express\
convertddt. llb\Convert DDT to 2D Array. vi 中。

5.3.1 数值表示法之间的转换

从图 5-23 中可以看出,共有 15 种数值表示法转换函数可选。数值型的数据有多种不同的表示法,用于表示不同范围和精度的数据,可以将相同数据类型不同表示法的数据认为是同一种数据类型,如 I32 和 I8,都属于整型数;也可以将不同表示法的数值类型看做不同的数据类型。因为不同表示法的数值占用存储空间不一样,数值范围不一样,精度不一样,多数情况下被看做是不同的数据类型。

尽管不同表示法的数据类型直接相连不会发生编辑错误,但存在隐患,运行时可能会影响预期结果,因为程序只检查语法错误,并不检查溢出。为了程序运行结果正确,不同表示法的数值类型之间需要明确的转换,而不是直接相连。如果不担心运行错误,可以直接相连。

直接相连时数据类型转换规则如下:

① 有符号或无符号整型转换为浮点型,程序会将数据转换为尽可能接近的数值。如果浮点数比整数精度高,则这样的转换是精确的;反之,如果整数比浮点数精度高,则转换可能不及预期。

② 浮点型转换为有符号或无符号整型,如果浮点型的数值在整型取值范围之外,LabVIEW 会将它转换为整型的最大或最小值。例如,将负的无符号浮点数转换为无符号整数,结果将为 0。

③ LabVIEW 将枚举型视为无符号整数,如浮点数 −1 转换为无符号整数,LabVIEW 将它转换为枚举型取值范围内的值。例如,枚举型的取值范围是 0~25,要把 −1 转换为枚举型,LabVIEW 将把它转换为 25,即枚举型的最大值。

④ 整型转换为整型。对于超出目标整型取值范围的数值,LabVIEW 不会将它们转换为目标整型的最大或最小值。当被转换的源比目标的取值范围小时,如果源是有符号的,LabVIEW 将扩充源的符号位位数;如果源是无符号的,LabVIEW 将用零填充扩充的位。如果源比目标的取值范围大,LabVIEW 将仅截取最少的有效位数。

⑤ 整型、浮点或定点数转换为定点数。LabVIEW 将定点数范围之外的值强制转换,使其位于所允许的定点数的最小值和最大值之间。

如要把两个不同数据类型的数值连接至要求输入为相同数据类型的数值函数,LabVIEW 会将其中一个接线端的数据类型强制转换为另一个类型。LabVIEW 自动选择更长位数的精度表示法。如果位数相同,LabVIEW 将选择无符号表示法而不选择有符号表示法。

5.3.2 数值与字符串之间的转换

数值数据与字符串数据不同,后者是 ASCII 字符而前者不是,文本文件和电子表格文件仅接收字符串。如需将数值数据写入文本文件或电子表格文件,则必须先将数值数据转换为字符串。字符串/数值转换函数可将数值转换为字符串。图 5 - 24 所示为字符串/数值转换选板,选择编程→字符串→字符串/数值转换即可,其使用说明可以在 LabVIEW 帮助中搜索关键词字符串/数值转换函数获得。

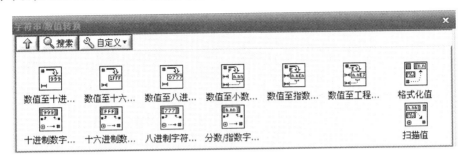

图 5 - 24　字符串/数值转换选板

在虚拟仪器中保存数据的文件名和指示路径都需要以字符串的形式体现,图 5 - 25 是字符串/数组/路径转换选板,可以创建相对路径、绝对路径和修改路径等操作。

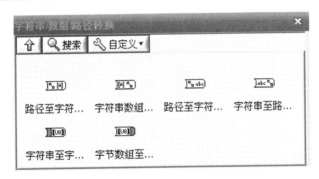

图 5 - 25　字符串/数组/路径转换选板

如需将数值添加到一个字符串中,则需先将该数值数据转换为字符串,再用连接字符串或其他“字符串”函数将新字符串添加到已有字符串中。图 5 - 26 和图 5 - 27 所示范例演示了在 LabVIEW 中连接字符串的方法,在“头部”“数字”文本框中输入信息并在“尾部”选择单位,在“混合字符串”中显示结果。该范例位于 examples\ general\strings.llb\Build String.vi 中。

字符串中可包含一组在图形或图表中显示的数值。例如,图 5 - 28 所示界面包括 2 个控件显示器、1 个字符串和 1 个图形显示器。2 个控件显示器分别设定信号采集数量和每次采集的点数,字符串显示器显示记录时间,图形显示器显示实测信号。图 5 - 29 所示是程序框图,可以看到将实测 DBL 型数据捆绑成字符串簇数据后写入一个文本文件中,范例位于 examples\file\datalog.llb\Write Datalog File Example.vi 中。

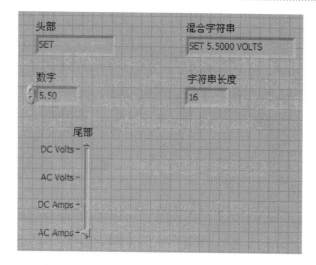

图 5 - 26　创建包含数字量字符串的用户界面

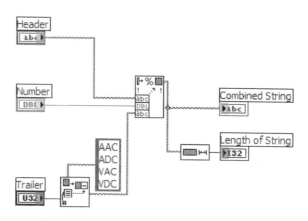

图 5 - 27　创建包含数字量字符串的程序框图

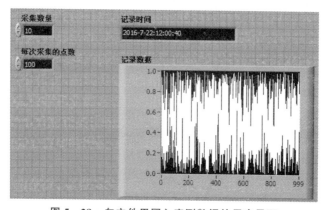

图 5 - 28　向文件里写入实测数据的用户界面

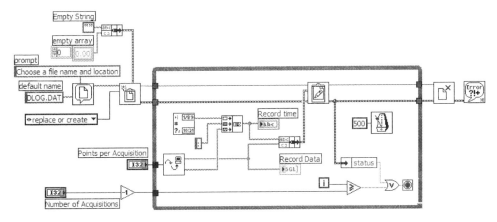

图 5 - 29　向文件里写入实测数据的程序框图

5.3.3　数值与布尔类型之间的转换

布尔控件和显示器分别以按钮形式和指示灯形式显示,只有真、假两种状态,布尔值与数字 0 和 1 对应,可以使用布尔值(0,1)转换函数实现;另外,布尔数组可以作为数字的二进制表示,使整数或定点数转换为布尔数组。如果连接整数至数字接线端,依据整数位数的不同,布尔数组可返回含有 8 个、16 个、32 个或 64 个元素的布尔数组;如果连接定点数至数字接线端,则布尔数组返回数组的大小等于该定点数的字长。数组第 0 个元素对应于整数二进制表示的补数的最低有效位。

使用数值至布尔数组转换函数可以将数值转换为布尔数组。例题:创建 VI,前面板上有 8 个 LED 指示器和一个 8 位无符号整数的垂直滑动杆控件,打开滑动杆的数字指示,将 8 个 LED 灯用滑动杆中数字的二进制表示,例如(10)d=(00001010)b,LED 灯 1 和 3 亮,VI 建好后用(131)d=(10000011)b,其用户界面和程序框图分别见图 5-30 和图 5-31。

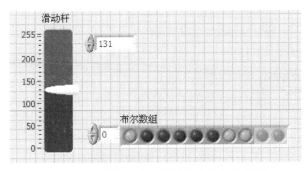

图 5 - 30　数值至布尔数组转换的用户界面

反之,使用布尔数组至数值转换函数可以使布尔数组转换为整数或定点数,如果数字有符号,LabVIEW 可使数组作为数字二进制值表示的"补"。数组的第一个元

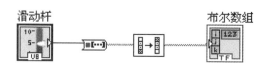

图 5-31　数值至布尔数组转换的程序框图

素与数字的最低有效位对应整数或定点数。

5.3.4　时间转换与单位转换

在转换 VI 函数选板下,选择转换为时间标识函数,可以使数字转换为时间标识。VI 计时以秒为单位,使用了 2 个 64 位数值来记录时间,前 64 位记录秒数的整数部分,后 64 位记录小数部分。时间的表示有两种:相对时间和绝对时间。相对时间记录时差,绝对时间记录自格林威治时间 1904 年 1 月 1 日星期五 12:00 a.m(通用时间[01-01-1904 00:00:00])以来无时区影响的秒数。大多数编程软件都用这种计时法,是个特殊的相对时间,即某一时刻减去[01-01-1904 00:00:00]所得的秒数,如北京时间 2008 年 8 月 8 日晚 8 点,VI 记录的时间为数值"3301041600"秒。

时间标识和数值可以通过时间转换函数互相转换,实际信号采集通常需要记录信号采集的具体时间,并用特定的格式表示出来。图 5-32 和图 5-33 所示为获取信号持续时间范例,用户界面上的波形图描述了 2016 年 7 月 27 日某一具体时刻开始记录信号,信号持续 3.8 s,至 7:42:13 结束,使用了获取日期时间、获取终止时间、获取波形持续时间三个函数,范例位于 examples\Waveform\Operations.llb\Get Final Time and Duration example.vi 中。

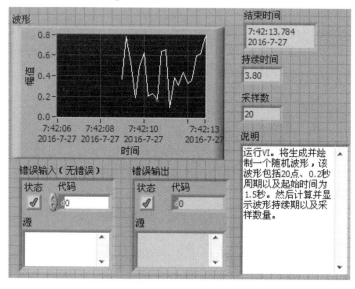

图 5-32　获取信号持续时间范例的用户界面

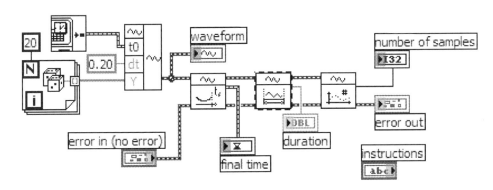

图 5 - 33　获取信号持续时间范例的程序框图

单位转换函数包括基本单位转换和单位转换。基本单位转换可使与输入关联的基本单位转换为与单位关联的基本单位,然后在输出端返回结果;单位转换可使物理量(带单位的数值)转换为纯数值(没有单位的数值),或使纯数值转换为物理量。

使用单位转换函数时,右击函数,在快捷菜单中选择创建单位字符串,可创建和编辑单位字符串,通过标注工具或操作工具高亮显示字符串,输入新字符串或者编辑单位字符串。也可右击函数,在快捷菜单中选择创建单位字符串,打开创建单位字符串对话框,输入新字符串或者编辑单位字符串。输入的单位必须是 LabVIEW 中可用的单位。详细信息可查帮助中关键词单位转换函数。

如果函数输入以兼容单位测量的数字,则函数的输出是纯数值。该数值以输入的单位为测量单位,如果 x 为 37 m(米),该函数的单位为 m,则输出 y 为 37 且不带单位;如果 x 为 37 m,该函数的单位为 ft(英尺),则输出 y 为 121.36 且不带单位。如果输入为纯数值,LabVIEW 可为数值使用该函数的指定单位,同时依据测量类型,以基本单位(或基本单位组合)表示返回物理量。

5.3.5　颜色转换

RGB 到颜色转换能使 0~255 之间的红、绿、蓝 RGB 值转换为相应的 RGB 颜色;颜色到 RGB 转换可使包括系统颜色在内的所有颜色输入分解为相应的红、绿、蓝色彩分量。

5.3.6　数据平化

LabVIEW 将数据从其内存格式转换为能够保存至硬盘或通过接口传递到其他计算机或硬件设备上时,需要进行数据平化,使数据更适于进行文件读/写。这是因为 VI 在编写和运行时,不同的数据以不同的格式保存在内存中,数值、字符串等简单的数据被保存在一段连续的内存空间,被称为平化数据。数组、簇等复杂的数据存储时依赖于句柄的排列,句柄指向哪块内存,那里才是其存储位置。复杂数据是以链表或树状结构存储的,必须将其规整为一块连续的内存,才能进行保存、传输。这就需要将复杂数据平化。

数据平化可选择编程→数值→数据操作(见图 5 - 34)。其中,"平化至字符串"可以把任何数据类型平化至字符串。这个字符串表达的不是具有实际意义的文字,而是以字符串形式表达的一块连续内存中的数据,被平化的数据才能存盘或传输。被平化的数据可以通过"从字符串还原"函数还原为原来的数据类型。"平化至字符串"和"从字符串还原"函数可对数据进行平化和还原,该操作与 LabVIEW 保存和加载数据时对数据进行的平化转换相同。

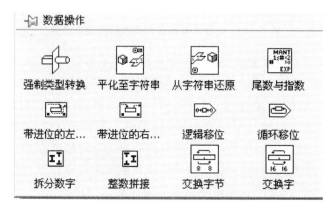

图 5 - 34　数据操作选板函数

数据平化后的字符串是没有实际意义的,当需要在运行状态下直接打开数据文件进行阅读或直接监视传输中的数据内容时,你无法获得任何有用的信息。如果既希望数据能够正常存储和传输,又能直接阅读,可以使用将数据平化至 XML 的方法。XML 既可以被人理解也可以被机器理解,缺点是效率低。数据平化至 XML 函数可选择编程→文件 I/O→XML→LabVIEW 模式,选板中有"平化至 XML",如图 5 - 35 所示。

图 5 - 35　LabVIEW 模式选板函数

将数据平化至 XML 文本或从 XML 还原都有相关的 LabVIEW 范例,位于 ex-amples\file\XMLex.llb 中。

5.3.7　强制转换

图 5 - 34 中有个"强制类型转换"函数,可以将数据强制转换成另外的数据类型,但内存中的二进制数据本身并不发生改变。

与前述所有的转换方式都不同,前面的转换数据传递的含义不变,比如 25.6 可以用数值形式表现也可以字符串形式表现,在内存中的记录不同,但用户界面显示出来的数据不变。而强制转换内存中记录的数据不变,但显示内容却变了。只有在内存中原本就是以平化方式存储的数据,才可以使用强制类型转换函数,该函数默认的目标类型是字符串型。

实际编程中,强制类型转换常用于引用句柄数据类型。该句柄用 I32 数值表示,没有专门的函数用于数据转换,所以常采用强制类型转换在引用句柄、I32 和其他不同数据类型的应用句柄之间进行转换。

5.4　属性节点

VI 程序运行时,用户界面上的控件展现的只是一个数据值或一种状态,如果要对这个控件的某种功能进行操作,需要用到属性节点(Property Node)工具。属性节点可选择编程→应用程序控制(见图 5 - 36),将"属性节点"拖出来放置在程

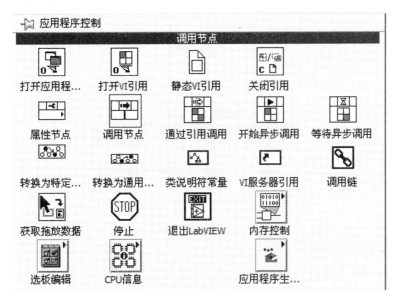

图 5 - 36　应用程序控制选板函数

序框图上,变成 。通过属性节点可以对本地或远程、VI 或对象获取"或"设置属性,LabVIEW 的属性节点可访问 XML 属性、VISA 属性、.NET 属性和 ActiveX 属性。

5.4.1　控件的属性节点

右击控件可以看到控件的属性配置对话框,包括数值界限、外观、显示格式等,但这只是控件属性的一部分,控件的属性完全配置可以通过属性节点(Property Node)编程实现。

下拉属性节点 中的"属性",可以出现多个未激活的属性,见图 5 - 37,右击属性节点,选择链接至→窗格→待链接的控件,就可以把属性节点和控件相链接,建立控件的属性。

图 5 - 37　属性节点

也可以用快捷方式建立控件的属性节点。例如图 5 - 38 和图 5 - 39 显示的是利用属性节点改变布尔控件的颜色,用户界面有 2 个布尔指示灯控件,默认只有两种颜色:亮绿和深绿,我们想要将 2 个灯设置成不同的颜色以示区别。在编辑状态下我们可以通过选板工具改变其颜色,但是如果程序处于运行状态,那么选板工具是不能调用的。运行状态时如何改变其颜色呢?

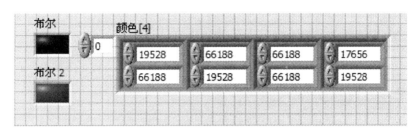

图 5 - 38　利用属性节点改变控件颜色的用户界面

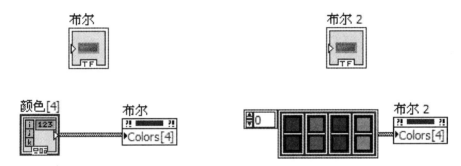

图 5 - 39　利用属性节点改变控件颜色的程序框图

利用属性节点改变控件颜色的步骤如下：

① 右击布尔控件,弹出菜单中有创建选项,可以创建常量、控件、显示控件、局部变量、参考引用、属性节点、方法节点等。

② 选择创建属性节点,选择颜色,程序框图上出现布尔颜色[4]属性节点,在用户界面是没有的。

③ 当前属性节点的属性是读取状态,改变颜色需要改变属性节点的属性,右击属性节点,选择转换为写入,然后为属性节点创建输入控件,在程序框图和用户界面上出现颜色值的簇数组,簇元素由 2 个 U32 组成,将用户界面上的簇数组拉开,使其出现 4 组。

④ U32 的值对应颜色的值,改变各种颜色对应的颜色值就可以改变布尔指示灯的颜色了,可以去百度查看各种颜色对应的颜色值。

⑤ 运行程序,改变颜色[4]中的数值,可以看到图 5 - 39 中布尔指示灯的 2 个颜色改变了。

同样的操作用于布尔 2 指示灯,为了调色方便,将布尔 2 指示灯属性节点的输入控件选择颜色常量输入,进入 LabVIEW 中自带的颜色控件 Graphics & Sound→Picture Functions→Color box,选择颜色常量,将簇数组中的数值替换成颜色盒子中的颜色就行了,同样地输入数组长度 4。运行程序,从图 5 - 39 中可以看出布尔 2 指示灯的颜色变成了粉红和亮绿。

　　属性节点里有一个叫 Value 的节点,是对控件值进行引用的,和变量对控件值的引用功能是一样的,所以程序中如果想引用某个控件的值也可以通过属性节点来引用。

5.4.2　图形的属性节点

　　通常情况下,信号波形显示属性为自动显示,在运行状态下可以改变横纵坐标的比例尺,如果想模拟真实仪器对图形显示的调节,可以给波形图设置属性节点(见图 5-40,示波器的波形图)。调节时间和幅值的按钮分别是时基和幅值比例尺,其设置如图 5-41 所示,设置波形图的 X 比例尺属性节点和 Y 比例尺属性节点,时基和幅值调节旋钮分别作为属性的控件输入。该范例位于 examples\apps\demos.llb\Two Channel Oscilloscope.vi 中。

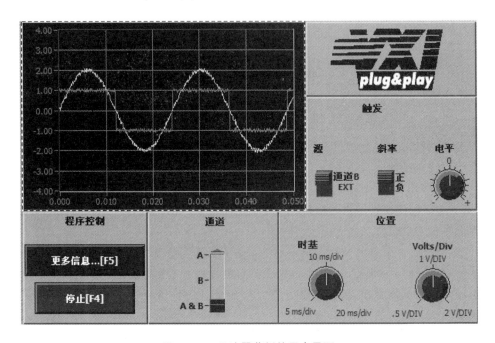

图 5-40　示波器范例的用户界面

　　实际上,并非只有各种控件或图形才有属性节点,VI 和应用程序都有属性。如果需要用 VI 的属性节点实现动态调用 VI,那么读者需要进一步学习,可以在 NI 网站搜索动态程序控制技术等内容。

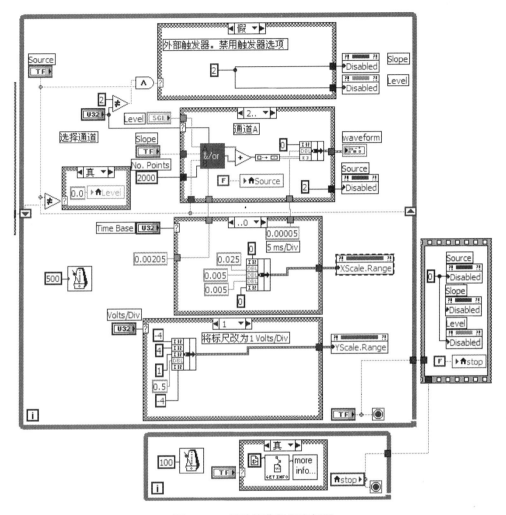

图 5 - 41　示波器范例程序框图

5.5　调用节点

　　调用节点(Invoke Node)在有些书里称为方法节点,可选择编程→应用程序控制→调用节点(见图 5 - 36),将"调用节点"函数拖出来放置在程序框图上变成，和属性节点类似,获得对象的引用(Reference)之后,就可以使用属性节点和调用节点来设定对象属性和调用对象提供的固有方法了。

　　调用节点和属性节点的使用一样,也有两种方法:① 从应用程序控制函数选板创建;② 点击鼠标右键快捷创建。在调用节点上右击,会弹出快捷菜单,其中有名为选择方法(Methods)的列表子菜单。一个对象可以有很多方法供调用,但是一个调用节点只能为对象调用一个方法。这一点与属性节点不同,属性节点对在其中访问的属性个数没有限制。方法调用的某些参数有默认值,可以不连接,这些可选参数的调用节点端子底色为灰色,可以根据需要决定是否接入这些参数。

5.6　本章小结

本章围绕控件的各种操作进行展开叙述,包括不同编程风格中控件的描述,各种控件在用户界面和程序框图中的表示与使用,图形显示与图形控件的种类描述,各种数据类型的转换,属性节点和调用节点在程序中的应用等。

本章习题

5-1　构建 VI,利用数组搜索函数从输入一维数组中搜索指定的值,找到后点亮 LED 指示灯并指示该值在数组中的顺序。

5-2　构建 VI 使该程序产生 500 个随机数并分别绘制在波形图表和波形图指示器上,计算随机数的平均值并显示结果,至少用两种方法求平均值。

5-3　创建 VI 计算并绘制多项式 $y=Ax^2+Bx+C$,从用户界面输入 A、B、C 和点数 N,计算 x_0-x_{N-1} 区间上的多项式,并用 XY 图形显示。

5-4　创建 VI 绘制圆和椭圆,椭圆公式:$r^2=\dfrac{A^2B^2}{A^2\sin^2\phi+B^2\cos^2\phi}$,其中 r、A、B 为输入,$0\leqslant\phi\leqslant2\pi$。

5-5　创建 VI 绘制 $y=\displaystyle\int_0^{n\pi}\sin x\,\mathrm{d}x$,$0\leqslant x\leqslant n\pi$,其中 n 为输入。

5-6　采用正弦波逐点生成 VI(sine wave ptbypt.vi)连续生成正弦波,允许用户输入频率、相位、幅度,用波形图表实时显示,当用户按下停止按钮,使用收集信号快速 VI(collector signal vi)在波形图中显示最后生成的 1 000 个点。

5-7　产生 20 个 0～100 之间的随机整数并将其绘制在波形图中,显示光标图注并使用光标来确定所生成数值中最小和最大值坐标,使用数组最大最小函数找到最大最小值并在用户界面显示,比较显示值与光标标注是否一致。

5-8　创建子 VI 计算年龄,出生日期和当前日期作为输入。要求用 3 个独立的整型控件输入日期,分别表示年、月、日,完成后在 VI 属性中添加说明信息:"Finds age in years of a person given the current date and the person's birth date as input."

5-9　创建子 VI 计算人的体重指标 BMI(Body Mass Index),有身高和体重两项数值输入,单位分别为英寸和磅,公式如下:

$$BMI=(703W)/H^2$$

根据表 5 - 1 对计算结果给出相应的文字信息，不健康状态用指示灯告警。

5 - 10　创建 VI，包含一个由 6 个按钮组成的簇，这些按钮标签分别是 option1～option6，当执行时，VI 将等待用户按下其中一个按钮。当按下一个按钮时，使用 MESSAGE VI 支出所选择的选项，重复上述过程直到按下 STOP 按钮，确保加入时间控制 VI 使用户有时间按下按钮。(用到 WHILE、CASE、移位寄存器、数组与簇之间的转换函数及一维数组搜索函数。)

表 5 - 1　BMI 分类

＜18.5	过轻
18.5～24.9	健康
25～29.9	超重
≥30	肥胖

第6章　数字信号分析与处理

测试信号的分析与处理是测试技术的核心工作之一,信号是物理现象的表述,包含着丰富的信息,是研究客观事物状态或属性的依据。测试信号通常以时域或频域表示,相应的信号分析包括时域分析、频域分析、幅值域分析、时频联合分析,常用的处理手段有加窗、滤波、相关分析等。

虚拟仪器是计算机技术与仪器技术相结合的产物。从图1-1可以看出,一个典型的虚拟仪器由传感器、信号采集卡和计算机组成。LabVIEW整合了GPIB、VXI、RS-232和RS-485以及数据采集卡等通信硬件的全部功能,这部分在第8章信号采集中有描述,信号分析、处理和显示都在计算机上实现。

将数据采集、信号分析和数据显示结合在同一个应用程序里实现,这在大多数软件开发环境中是不可能的,如缺乏信号处理库的通用编程语言,只执行单个任务(即采集)的专项(即用型(turnkey)应用),结合对硬件和实际信号有限支持的数值分析工具等。LabVIEW从开发时就提供完全集成的解决方案,帮助用户在单一环境中同时采集并分析、处理和显示数据,虚拟仪器越来越广泛地应用于测试测量领域、信号处理领域。对于实时分析系统,高速浮点运算和数字信号处理已经变得越来越重要。这些系统被广泛应用到生物医学数据处理、语音识别、数字音频和图像处理等各种领域。

信号分析的重要性在于,无法从刚刚采集的数据中立刻得到有用的信息,必须消除噪声干扰、纠正设备故障而破坏的数据,或者补偿环境影响,如温度和湿度等环境因素的影响。通过分析和处理数字信号,可以从噪声中分离出有用的信息,并用比原始数据更全面的表格显示这些信息。LabVIEW的流程图编程方法和分析VI库的扩展工具箱使得分析软件的开发变得更加简单。LabVIEW分析VI通过一些可以互相连接的VI,提供了最先进的数据分析技术,不必像在普通编程语言中那样关心分析步骤的具体细节,而可以集中注意力解决信号处理与分析方面的问题。

一般情况下,可以将数据采集VI的输出直接连接到测量VI的输入端,测量VI的输出又可以连接到绘图VI以得到直观的显示。被测信号通常是关于时间的函数,传感器直接测量的信号主要是时域信号,LabVIEW提供了时域信号测量函数,并附有时域波形测量分析例程;有些信号需要在频域处理才能获得有用的信息,LabVIEW提供了VI函数用来进行时域到频域的转换,例如计算幅频特性和相频特性、功率谱、某一环节或被测对象的传递函数等。一些测量VI可以刻度时域窗,对功率和频率进行估算。

用于测量的虚拟仪器(VI)函数执行的典型的测量任务有:

● 计算信号中存在的总的谐波失真。

● 决定系统的脉冲响应或传递函数。

● 估计系统的动态响应参数,例如上升时间、超调量等。

● 计算信号的幅频特性和相频特性。

● 估计信号中含有的交流成分和直流成分。

过去这些计算工作需要通过特定的实验工作台来进行,如今这些测量工作可以通过 LabVIEW 程序语言在台式机上进行。这些用于测量的虚拟仪器是建立在数据采集和数字信号处理的基础上,有如下的特性:

① 输入的时域信号被假定为实数值。

② 输出数据中包含大小、相位,并且用合适的单位进行了刻度,可用来直接进行图形的绘制。

③ 计算出来的频谱是单边的,范围从直流分量到 Nyquist 频率(二分之一取样频率),没有负频率出现。

④ 需要时可以使用窗函数,窗是经过刻度的,因此每个窗提供相同的频谱幅度峰值,可以精确地限制信号的幅值。

VI 中常用的一些数字信号处理函数在函数选板下的信号处理选板中。其中共有 10 个分析 VI 库,见图 6-1。

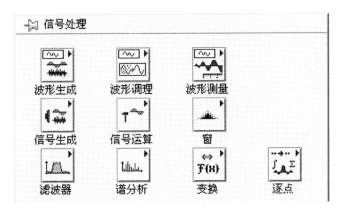

图 6-1　信号处理选板函数

信号处理选板各项分述如下:

① 波形生成(Waveform Generation):波形生成 VI 用于生成各种类型的单频和混合单频信号、函数发生器信号及噪声信号。图 6-2 所示波形生成函数选板提供了基本函数发生器、多种波形组合发生器、单项波形发生器、公式波形发生器及各种噪声发生器。除此之外,还提供了仿真信号发生快速 VI,可以用于实际测试前的编程和调试。与波形生成相关的范例位于 examples\measure\maxmpl.llb 中。

② 信号生成(Signal Generation):信号生成 VI 用于生成描述特定波形的一维数组。信号生成 VI 生成的是数字信号和波形。见图 6-3,与波形生成函数的不同

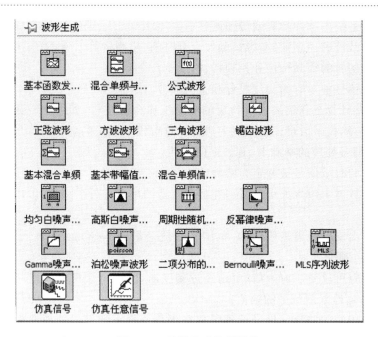

图 6-2　波形生成选板函数

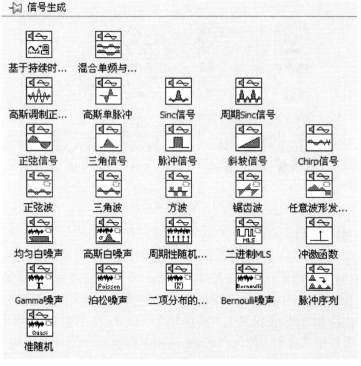

图 6-3　信号生成选板函数

之处在于,信号生成函数的输出信号是一维数组,根据该数组可以绘出相应的波形;而波形生成函数的输出信号是簇,包含相应信号的波形,簇中包含频率、相位和幅值信息。读者可以自行比较波形生成函数选板中的正弦波形发生器和信号生成选板中的正弦信号发生器,以及正弦波发生器的不同之处,可以看出信号生成选板中的正弦信号发生器的输出信号中波形和相位是分别输出的。相关范例位于 examples\analysis\sigxmpl.llb 中。

另外,信号生成选板中还包含采样信号、脉冲序列(相关范例位于 examples\analysis\plsexmpl.llb 中)、准随机信号、编码脉冲信号等特殊信号,用于测试信号的编程处理,使信号处理函数的使用更为广泛,使信号处理面向不同的测试对象时更有针对性。

③ 波形调理(Waveform Condition):见图 6 - 4,用于执行数字滤波和加窗,共有 11 个功能函数,相关范例位于 examples\measure\maxmpl.llb 中。

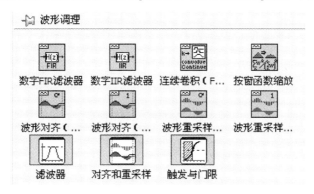

图 6 - 4　波形调理选板函数

④ 波形测量(Waveform Measurement):波形测量 VI 用于执行常见的时域和频域测量(例如,直流、RMS、单频频率/幅值/相位、谐波失真、SINAD 以及频谱 FFT 测量),见图 6 - 5。相关范例位于 examples\measure\maxmpl.llb 和 examples\analysis\measxmpl.llb 中。

⑤ 信号运算(Signal Operation):信号运算 VI 用于信号操作并返回输出信号,见图 6 - 6。为了方便用户信号处理,该选板在函数选板的快速 VI 下可选,相关范例位于 examples\analysis\peakxmpl.llb 中。

⑥ 窗(Windowing):用于实现平滑窗并执行数据加窗,见图 6 - 7,包括各种信号处理窗函数,如 Hanning 窗、Hamming 窗、Chebyshev 窗、三角窗等,使用窗 VI 的范例位于 examples\analysis\windxmpl.llb 中。

⑦ 滤波器(Digital Filters):用于执行 IIR、FIR 和非线性滤波功能,包括各种常用滤波器,见图 6 - 8。相关范例位于 examples\analysis\fltrxmpl.llb 中。

⑧ 谱分析(Frequency Domain):用于进行信号的频域转换、频域分析等,见图 6 - 9。

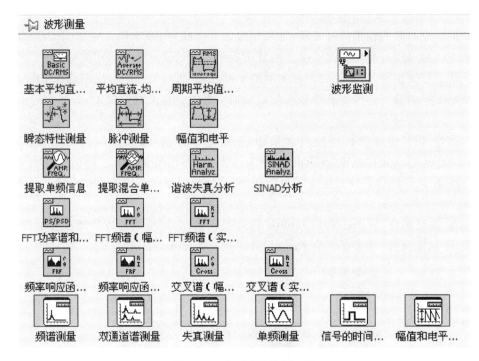

图 6-5　波形测量选板函数

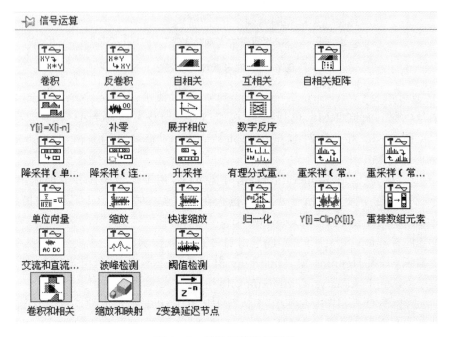

图 6-6　信号运算选板函数

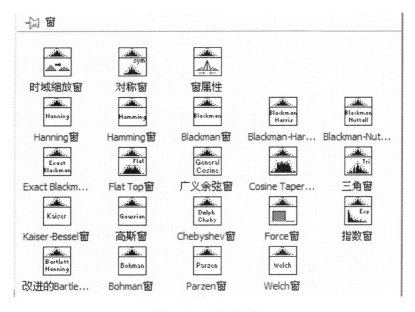

图 6 - 7　窗选板函数

图 6 - 8　滤波器选板函数

⑨ 变换(Shift)：变换 VI 用于实现信号处理中的常见变换,能够实现的变换见图 6 - 10。其中 LabVIEW FFT VI 使用特殊的输出单位和缩放因子,范例位于 examples\analysis\dspxmpl.llb 中。

⑩ 逐点(Point by Point Analysis)：逐点 VI 用来进行时域信号分析和特征参数提取,可以方便、有效地逐点处理数据。逐点 VI 只在 LabVIEW 完整版和专业版开发系统中可用。以"逐点"命名的 VI 表示其分析数据的方式为连续一次一点处理,

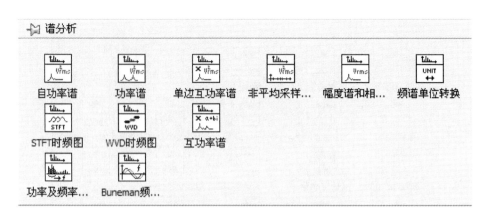

图6-9　谱分析选板函数

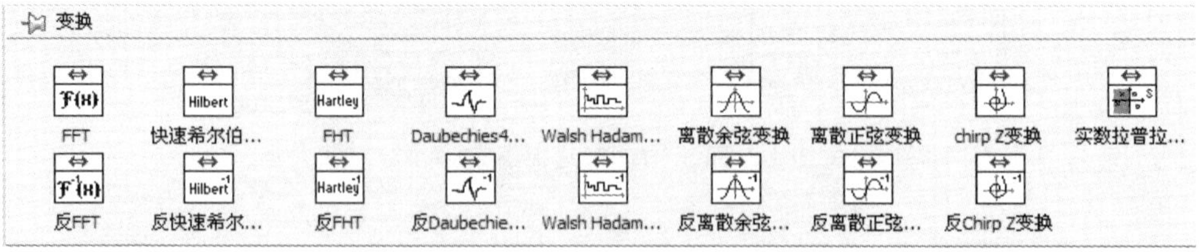

图6-10　变换选板函数

而非以数据块的形式进行处理,包括逐点生成信号、逐点运算等功能 VI,见图 6-11。逐点分析是在线分析的子集,其结果在单个而非一组样本获取后计算得到。在处理能提供高速、确定单点数据采集的控制过程中,此类分析是必要的。逐点的方法简化了设计、实施和测试过程,因为逐点程序流与应用程序所监视和控制的真实世界中的自然流动十分相似。借助精简式逐点分析,采集和分析过程能够趋近控制点,因为采集和决策之间的延迟被最大程度缩减了。如需进一步缩减这类采集延时,可将分析部署至现场可编程门阵列(FPGA)芯片、数字信号处理(DSP)芯片、嵌入式控制器、专用 CPU、ASIC。将强大的算法与规程添加至应用程序后,能创建智能处理,从而实现实时分析、提高效率,将实验或处理性能与输入变量相关联。

　　除了信号处理函数选板,LabVIEW 信号分析快速 VI 也可以用于信号分析(见图 6-12),Express VI 是基于配置的,能够最为简单地将在线测量分析和信号处理加入 VI 中。将 Express VI 添加至程序框图时,可以自己选择配置参数,这大大降低了将分析和信号处理算法添加至应用造成的难度。众多的信号分析 Express VI,既为 LabVIEW 开发提供配置方法,也包含 LabVIEW 的许多低层次信号处理功能。借助 Express VI,用户在交互地查看各类分析算法设置时,可看到配置对话中的结果。例如,"幅值和电平测量"可执行多类电平测量:直流、均方根、最大和最小峰、峰峰值、周期平均和周期均方根。"滤波器"能够配置低通、高通、带通和带阻等数字滤

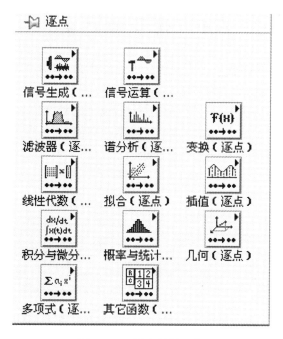

图 6-11　逐点选板函数

波器,还可在"配置滤波器"中设置参数,如:高低截止频率、有限脉冲响应(FIR)滤波器抽头数、无限脉冲响应(IIR)滤波器拓扑结构(Butterworth、Chebyshev、反 Chebyshev、椭圆和 Bessel)、阶次选择。

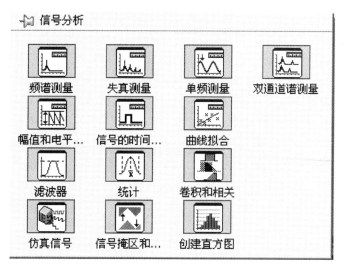

图 6-12　信号分析选板

6.1　信号的产生

信号生成选板中的函数可以为网络分析或信号仿真产生多种常用信号，与 DAQ 卡一起使用，就能产生实际的模拟输出信号。前已述及信号的产生可以有多种方式：波形生成、信号生成、快速 VI 生成。除此之外，也可以通过数学选板中的"初等特殊函数"生成特殊信号，本节将介绍怎样产生标准频率的信号，以及怎样创建模拟函数发生器。参考范例位于 examples\analysis\sigxmpl.llb 中。

建立一个可以选择波形的输出波形，可选波形类型有：正弦波、三角波、锯齿波和方波，它的输入参数有波形类型、样本数、起始相位、波形频率（Hz）。

图 6-13 中输入/输出参数解释如下：

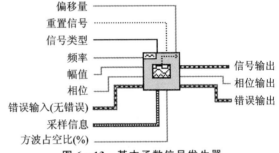

图 6-13　基本函数信号发生器

① 偏移量（offset）：波形的直流偏移量，缺省值为 0.0。数据类型为 DBL。

② 重置信号（reset signal）：将波形相位重置为相位控制值且将时间标志置为 0。缺省值为 FALSE。

③ 信号类型（signal type）：产生的波形的类型，缺省值为正弦波。

④ 频率（frequency）：波形频率（单位为 Hz），缺省值为 10。

⑤ 幅值（amplitude）：波形幅值，也称为峰值电压，缺省值为 1.0。

⑥ 相位（phase）：波形的初始相位（单位为度），缺省值为 0.0。

⑦ 错误输入（error in）：在该 VI 运行之前描述错误环境。缺省值为 no error。如果一个错误已经发生，该 VI 在 error out 端返回错误代码。该 VI 仅在无错误时正常运行。错误簇包含如下参数：状态（status），缺省值为 FALSE，发生错误时变为 TRUE；错误代码（code），缺省值为 0；错误源（source），在大多数情况下是产生错误的 VI 或函数的名称，缺省值为一个空串。

⑧ 采样信息（sampling info）：一个包括采样信息的簇。共有 Fs 和 #s 两个参数。采样率为 Fs，单位为样本数/秒，缺省值为 1 000。波形的样本数为 #s，缺省值为 1 000。

⑨ 方波占空比（duty cycle（%））：反映一个周期内方波高低电平所占的比例，缺省值为 50%。

⑩ 信号输出（signal out）：信号输出端。

⑪ 相位输出（phase out）：波形的相位输出端，单位为度。

⑫ 错误输出（error out）：错误信息。如果 error in 指示一个错误，则 error out 包含同样的错误信息；否则，它描述该 VI 将引起错误状态。

　　图 6-14 和图 6-15 所示是使用信号处理→波形生成→基本函数信号发生器建立的用户界面和程序框图。从程序框图可以看出,除了使用 WHILE 结构控制程序运行外,没有附加任何其他部件,所有的输入/输出参数都是在程序框图上右击该函数自动创建的。相应地,在用户界面自动生成输入和输出控件,其中信号输出控件为簇显示。为了使显示直观,右击信号输出簇替换为图形显示,波形图或者波形图表的形式皆可。

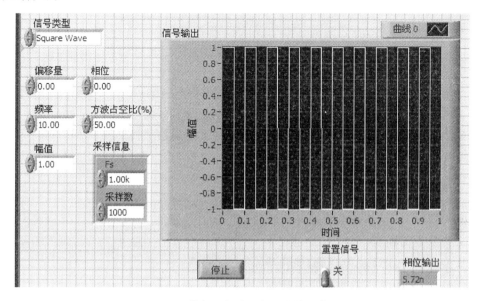

图 6-14　基本函数信号发生器的用户界面

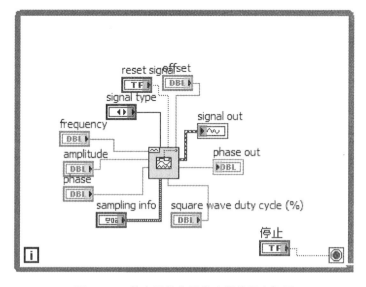

图 6-15　基本函数信号发生器的程序框图

　　基本函数信号发生器可记录上次生成波形的时间标识,并从该点开始继续递增时间标识。该函数可使用信号类型、采样信息、相位(输入)和要生成的波形频率(以 Hz 为单位)作为输入端。范例位于 examples\measure\maxmpl.llb\Function Waveform Generation.vi 中。

　　在模拟电路范围,信号频率以 Hz 或每秒周期来测量;在数字系统中,通常使用数字频率,它是模拟频率和采样频率的比值,即:

$$数字频率 = \frac{模拟频率}{采样频率}$$

　　这种数字频率被称为标准频率,标准频率的倒数 $1/f$ 表示一个周期内采样的次数。有些信号发生 VI 使用输入频率控制量,它的单位和标准频率的单位相同,范围从 0 到 1,对应实际频率中的 0 到采样频率 f_s 的全部频率,所以也称为归一化频率。

　　归一化频率以 1.0 为周期,从而使标准频率中的 1.1 与 0.1 相等。例如某个信号的采样频率是奈奎斯特频率($f_s/2$),就表示每半个周期采样一次(也就是每个周期采样两次),则与之对应的标准频率是 1/2 周期数/采样点,也就是 0.5 周期数/采样点。

　　如果您使用的 VI 需要以标准频率作为输入,就必须把频率单位转换为标准单位周期数/采样点。在许多信号产生子程序模块中,我们使用数字频率,需要用到信号生成选板中函数 VI。图 6 - 16 所示为其中的任意波形发生器,其输入/输出参数解释如下:

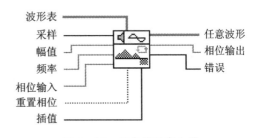

图 6 - 16　任意波形发生器

　　① 波形表:用于创建输出任意波形的一个周期的波形。

　　② 采样:任意波形中的采样数。默认值为 128。采样数必须大于或等于 0。如果采样数小于 0,VI 可设置任意波形为空数组并返回错误。

　　③ 幅值:任意波形的幅值。默认值为 1。

　　④ 频率:任意波形的频率,单位为周期/采样点数的归一化单位。默认值为 1 周期/128 采样点数或 7.8125E - 3 周期/采样点数。

　　⑤ 相位输入:是重置相位为 0 时任意波形的初始相位。

　　⑥ 重置相位:确定任意波形的初始相位。默认值为 TRUE。如果重置相位的值为 TRUE,LabVIEW 可设置初始相位为相位输入;如果重置相位的值为 FALSE,LabVIEW 可设置任意波形的初始相位为上一次 VI 执行时相位输出的值。

　　⑦ 插值:确定 VI 用于通过波形表数组生成任意波形的插值类型。默认值为 0(无插值)。如果插值为 0,VI 可不使用插值。如果插值为 1,VI 可使用线性插值。

　　⑧ 任意波形:输入/输出信号,形式为波形数组。

⑨ 相位输出：输出波形的相位，以度为单位。

⑩ 错误：返回 VI 的任何错误或警告。将错误连接至错误代码至错误簇转换 VI，可将错误代码或警告转换为错误簇。

打开范例 examples\analysis\sigxmpl.llb\Arbitrary Wave Display.vi，用户界面和程序框图分别如图 6-17 和图 6-18 所示。

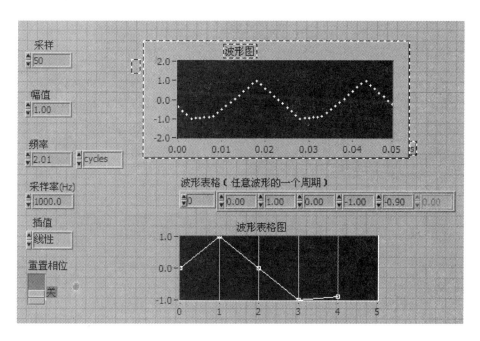

图 6-17 任意波形显示的用户界面

从图 6-17 中可以看出有 50 个采样点，信号频率为 2 周期，归一化频率为 0.04 周期/采样点；作为任意波输入参数，可通过修改波形表格数组编辑任意波形的一个周期，可以获得相应的一个周期内的任意波形；修改频率（周期数或 Hz）和插值方法，运行 VI 可以获得相应的信号波形。

采样与频率混淆(Aliasing)

在用户界面上若把信号频率改为 90 Hz，再运行此程序，结果出现的信号频率却等于 10 Hz。这种现象叫频率混淆，只在数字频率范围出现。

著名的奈奎斯特采样定理已经说明，最高信号稳定频率等于采样频率的一半。在本例中，采样频率等于 100 Hz，所以最高信号频率为 50 Hz，如果输入频率大于 50 Hz，如 90 Hz，则它将会偏差到 $[(N \times 50) - 90]$ Hz>0，即为 $(100 - 90)$ Hz = 10 Hz。也就是说，采样频率为 100 Hz 的数字系统不能区分 10 Hz 和 90 Hz，20 Hz 和 80 Hz，51 Hz 和 49 Hz，等等。

因此，在设计数字频谱系统时，我们必须保证不要让大于 1/2 采样频率的信号进

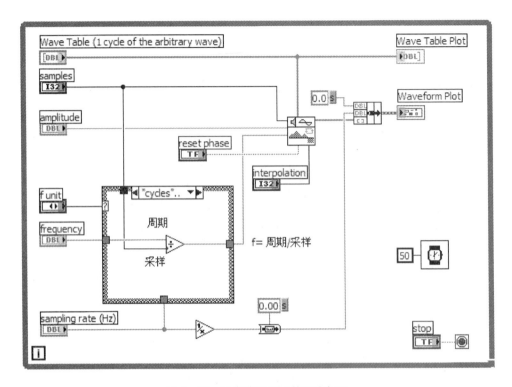

图 6-18　任意波形显示的程序框图

入系统。一旦进入了,就没有办法清除它们。为了防止偏差出现,我们一般采用低通滤波器。在本例中,我们可以使用抗混频模拟低通滤波器,滤除任何大于 50 Hz 的信号。加了滤波器以后,当采样频率为 100 Hz 的系统内出现 10 Hz 信号时,我们就可以肯定它是 10 Hz 而非 90 Hz。

6.2　信号的时域和时差域分析

　　工程测试信号通过测量系统获得,一般来说,直接观测和记录的信号是随时间变化的电信号,反映了物理量的幅值随时间变化的历程,称为信号的时域波形。通过时域分析,可以获得信号在时域的特征参数,以及信号波形在不同时刻的相似性和关联性,前者称为信号的时域分析,后者称为信号的时域相关分析或时差域分析。

　　传统的用于时域测量和分析的仪表是示波器和万用表,在 VI 中实现时域测量功能就是以示波器和万用表为原型编程实现的。图 6-19 和图 6-20 所示为双通道虚拟示波器范例。其中,用户界面仿真传统仪器的操作面板,运行完全在计算机上实现,范例位于 examples\apps\demos.llb\Two Channel Oscilloscope.vi 中。

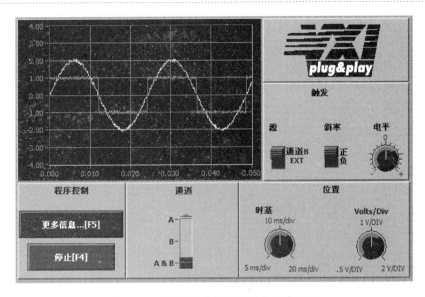

图 6 - 19　双通道虚拟示波器的用户界面

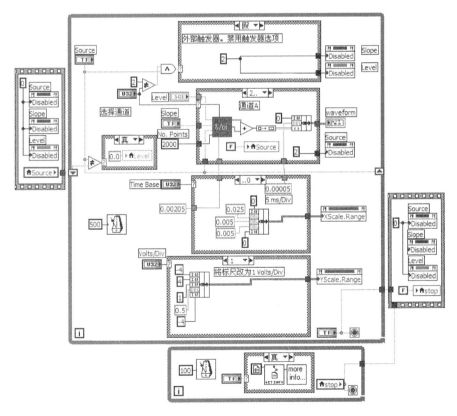

图 6 - 20　双通道虚拟示波器的程序框图

6.2.1　信号的时域分析

对信号进行时域分析,可以获得信号的峰值、均值、有效值、方差、周期信号的周期等时域特征参数。时域特征参数的定义可以参见工程测试技术基础相关教材。在信号处理选板下的波形测量选板中,有波形监测、幅值和电平测量、均值测量等多个功能函数。除此之外,在波形测量选板上出现了频域测量函数,因为随着仪器向高度集成化和一体化发展,数字示波器不仅具有时域测量功能,也具有了频域分析和幅值域分析功能。

图 6 - 21 和图 6 - 22 所示是对染有噪声的方波信号的时域测量,用户可在用户界面上确定分析时窗长度和线性平均方法,利用基本直流-均方根函数提取该测试信号的直流值和均方根值。该范例位于 examples\measure\maxmpl.llb\Basic DC - RMS Measurement.vi 中,读者可以自行临摹编程。

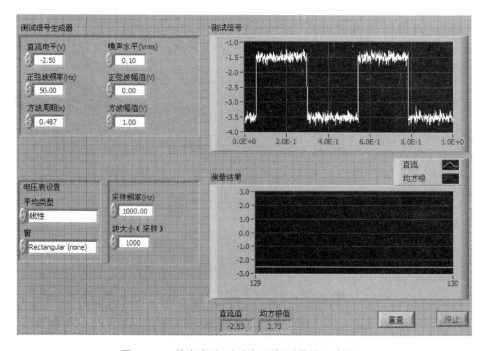

图 6 - 21　基本直流-均方根函数测量的用户界面

如图 6 - 23 所示,波形监测选板也有波形实时监测函数,包括波形波峰检测、边界测试等。和这些功能函数类似的,在数学选板下的概率与统计选板(见图 6 - 24)中也有,不仅有对时域信号波形监测的函数,还有可以实时进行数值统计的功能函数。波形波峰监测、信号运算选板中的波峰检测、概率与统计选板中的偏度和峰度几个函数功能相似,读者可查找相关范例进行对比,范例位于 examples\analysis\peakxmpl.llb\Peak Detection and Display.vi 中。

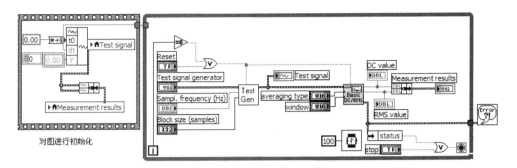

图 6-22 基本直流-均方根函数测量的程序框图

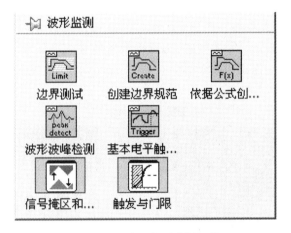

图 6-23 波形监测选板函数

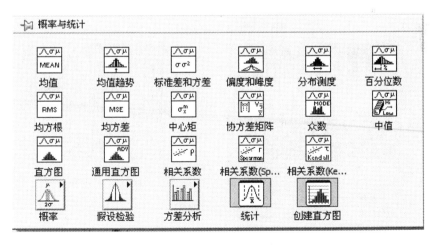

图 6-24 概率与统计选板函数

6.2.2　信号的时差域分析

　　信号时差域分析是一种特殊的时域分析,可以反映同一个信号在不同时刻的相关程度,也可以反映不同信号的相关程度,前者称为自相关分析,后者称为互相关分析。

　　自相关函数的定义为

$$R_x(\tau) = \frac{1}{T}\int_0^T x(t)x(t+\tau)\mathrm{d}t$$

　　自相关函数是偶函数。从公式可以看出,自相关函数描述了一个时刻的取值与另一个时刻的取值的相似程度,可以证明周期信号的自相关函数是与原信号频率一样的周期信号。自相关函数主要用于信号的性质判断和周期信号提取。图 6-25 和图 6-26 所示为自相关提取周期信号的用户界面和程序框图,原始信号是正弦信号染上了白噪声信号,采用自相关处理后,可以恢复信号的周期成分,还可以观察到自相关函数是偶函数,噪声集中在延时为 0 处,相应的程序框图如图 6-26 所示。

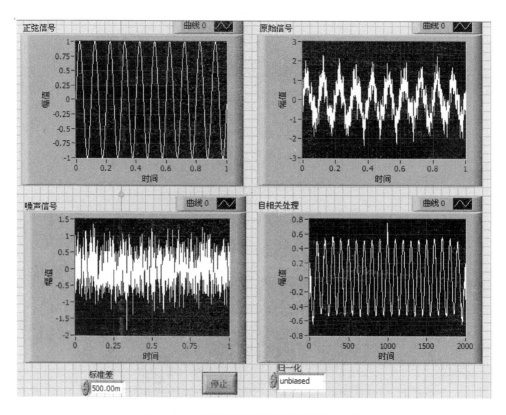

图 6-25　自相关提取周期信号的用户界面

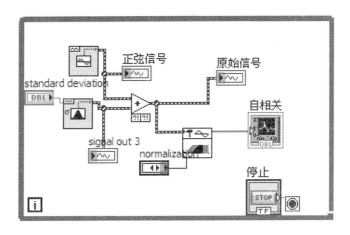

图 6 - 26　自相关提取周期信号的程序框图

互相关函数的定义为

$$R_{xy}(\tau) = \frac{1}{T}\int_0^T x(t)y(t+\tau)\mathrm{d}t$$

互相关函数描述两个信号之间的相关关系,两个互相独立的信号互相关等于零。互相关函数主要用于噪声中的两路信号的关联程度,典型应用是互相关滤波频谱仪。图 6 - 27 是相关滤波分析仪的工作原理框图。

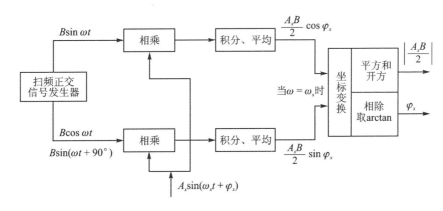

图 6 - 27　相关滤波分析仪工作原理框图

相关滤波频谱仪的用户界面如图 6 - 28 所示,待测信号是正弦信号与均匀白噪声信号的叠加,当参考信号以扫频形式产生正弦波且参考信号频率等于待测信号频率时,能获得待测信号的幅值和相位,否则无结果输出。

该仪器虽然名叫互相关滤波频谱仪,但是并非在频域完成信号运算,之所以叫这个名字,是因为可以通过互相关信号运算的方法获得被测信号的频率、幅值和相位。

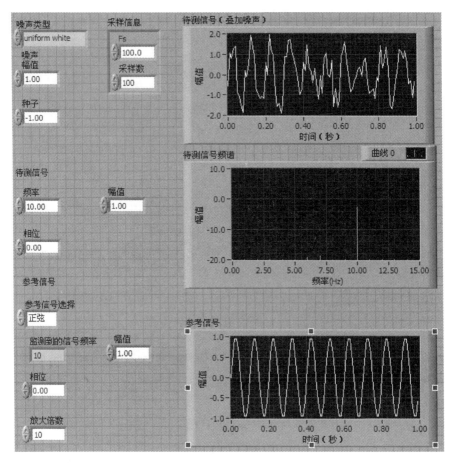

图 6-28　相关滤波频谱仪的用户界面

6.3　信号的频谱分析

很多工程测试信号的时域分析结果不尽如人意,在许多应用场合,需要对信号在频域内进行分析,也称为频谱分析。频谱分析可以把复杂的时间信号分解为不同的谐波组分,即获得信号的频率构成。如果预先知道信号的频率构成,也可以根据信号的频率构成选择不同频响的测试仪表。

6.3.1　谱分析

信号的频谱分析函数在波形测量选板和谱分析选板中有多个功能函数供选择。图 6-29 是正弦信号的幅值谱分析用户界面,从对应的程序框图 6-30 可以看出,一个仿真的正弦信号,利用波形测量选板下的 FFT 频谱函数实现了信号的频域分析,范例位于 examples\analysis\measxmpl.llb\Amplitude Spectrum (sim).vi 中。

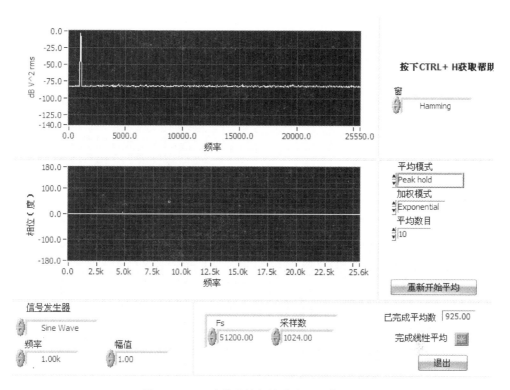

图 6 - 29　正弦信号的幅值谱分析用户界面

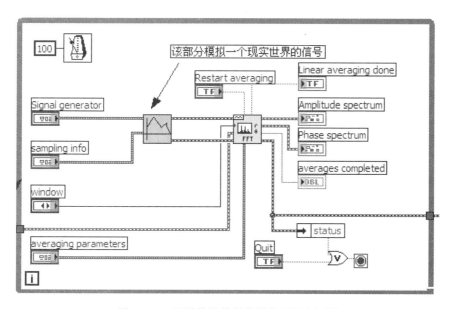

图 6 - 30　正弦信号的幅值谱分析程序框图

图 6 - 31 中的原始信号是 3 个信号(110 Hz 的正弦信号、10 Hz 的正弦信号和白

噪声信号)的叠加,从时域图上无法获得更多信息,利用谱分析选板下的幅度谱和相位谱函数后,获得谐波信号的频率,除去了噪声干扰,程序框图见图 6 - 32。

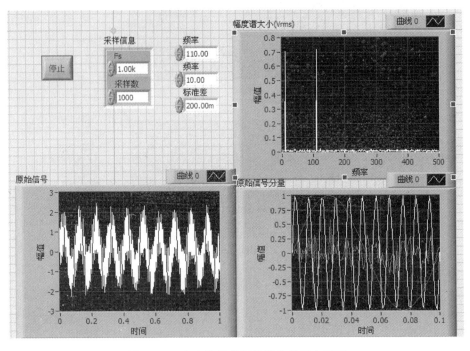

图 6 - 31　复合信号的幅值谱分析用户界面

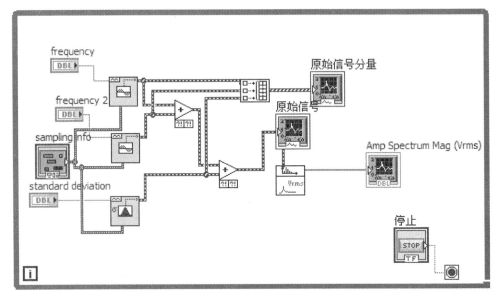

图 6 - 32　复合信号的幅值谱分析的程序框图

6.3.2　变　换

在信号处理函数选板里的变换函数选板中,给出了信号处理常用到的各种变换函数 VI,利用这些函数可以实现相应的数字信号处理,也可以据此完成各种变换理论和公式的虚拟仪器设计,如帕斯瓦(Parseval)定理的证明和演示,就是用 FFT 变换实现的。图 6-33 是帕斯瓦定理的用户界面,运行该 VI,能证明帕斯瓦定理,即时域中信号的能量与频域中信号的能量完全相等;图 6-34 是程序框图,时域信号经FFT 变换后是复数,分解为幅值和相位,幅值谱的平方就是信号的能量,和时域获得的信号的能量完全一样。

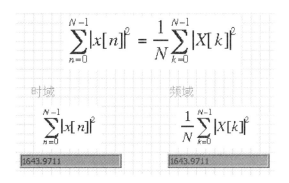

图 6-33　帕斯瓦定理用户界面

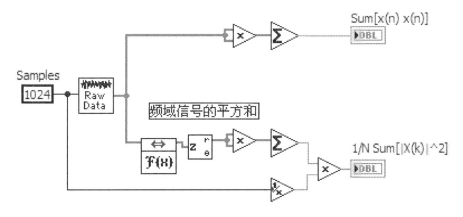

图 6-34　帕斯瓦定理程序框图

FFT 是 DFT 的快速算法,DFT 是为了实现计算机完成傅里叶变换 FT 而衍生出来的,数字信号或者说信号的时域显示(采样点的幅值)可以通过离散傅里叶变换(DFT)的方法转换为频域显示。通常信号的采样点数是 2 的幂时,可以采用快速傅里叶变换(FFT)这种方法。

FFT 的输出都是双边的,这是由数学计算的完整性造成的,它同时显示了正负频率的信息,因为在实际信号处理中不存在负频率,所以通过只使用一半 FFT 输出采样点转换成单边 FFT。根据帕斯瓦定理,单边 FFT 和双边 FFT 的幅值是 2 倍关系,编程时应注意该点。FFT 的采样点之间的频率间隔是 f_s/N,这里 f_s 是采样频率,N 是采样点数。

计算每个 FFT 显示的频率分量的能量的方法是对频率分量的幅值平方,谱分析函数选板中有功率谱函数,可以自动计算能量频谱,能量频谱不能提供任何相位信息。

FFT 和能量频谱可以用于测量静止或者动态信号的频率信息。FFT 提供了信号在整个采样期间的平均频率信息。因此,FFT 主要用于固定信号的分析(即信号在采样期间的频率变化不大)或者只需要求取每个频率分量的平均能量。

6.3.3　谐波失真与频谱分析

当一个含有单一频率(比如 f_1)的信号 $x(t)$ 通过一个非线性系统时,系统的输出不仅包含输入信号的频率(f_1),而且包含谐波分量($f_2=2f_1$,$f_3=3f_1$,$f_4=4f_1$ 等),谐波的数量以及它们对应的幅值大小取决于系统的非线性程度,这种现象称为谐波失真。在电网中谐波失真是一个值得关注的问题,因为它会影响电能质量。

图 6-35 是对频率 1 234.89 Hz、幅值 1 V 的单频信号的谐波分析,信号中有环

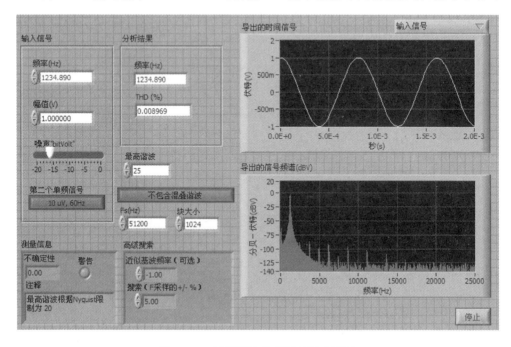

图 6-35　高级谐波分析测量用户界面

境噪声干扰和电源噪声干扰,利用谐波失真分析函数分析到 25 次谐波,百分百谐波失真为 0.008 969%。图 6 – 36 是高级谐波分析测量的程序框图,范例位于 examples \measure\maxmpl.llb\Advanced Harmonic Analyzer Measurement.vi 中。用于实际测量谐波失真时,可以将实际采集的信号替换掉仿真信号源。谐波失真分析函数的各个参数可以参见在线帮助。

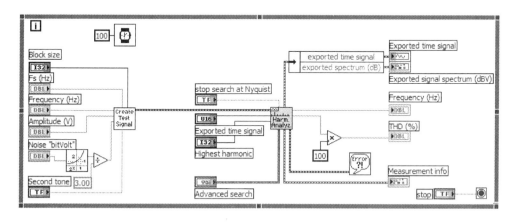

图 6 – 36 高级谐波分析测量的程序框图

6.4 窗函数

计算机只能处理有限长度的信号,原信号 $x(t)$ 要以 T(采样时间或采样长度)截断,即信号的加窗或者称为信号的截断使信号有限化。最简单的加窗是加矩形窗,矩形窗将信号突然截断,这会在频域造成很宽的附加频率成分,这些附加频率成分在原信号 $x(t)$ 中其实是不存在的。一般将这一问题称为有限化带来的能量泄漏问题,也叫信号截断误差。信号泄漏使得原来集中在 f_0 上的能量分散到全部频率轴上。泄漏带来许多问题:

① 使频率曲线产生许多"皱纹"(ripple),较大的皱纹可能与小的共振峰值混淆。

② 如果信号为两个一大一小幅值但频率很接近的正弦波合成,那么幅值较小的一个信号可能被淹没。

③ f_0 附近曲线过于平缓,无法准确确定 f_0 的值。

为了减少能量泄漏,工程师们提出了改进的窗函数,常用的窗函数有:

● 矩形窗;

● Hanning 窗;

● Hamming 窗;

● 平顶窗;

● 三角形窗等。

每种窗函数适用的信号处理对象有不同。如矩形窗在区分频域和振幅接近的信号时比较有效,瞬时信号宽度小于窗的宽度;指数形窗的瞬时信号宽度大于窗的截断时长;Hanning 窗适用于瞬时信号宽度大于窗时长的情况;Hamming 窗在声音处理领域用的较多;平顶窗的优势在于分析无精确参照物且要求精确测量的信号;Kaiser - Bessel 窗能区分频率接近而形状不同的信号。

在实际应用中,如何选择窗函数呢?一般说来,要根据分析信号的特征以及最终处理目的来决定,要经过反复调试。窗函数有利有弊,使用不当还会带来坏处。使用窗函数的原因有很多,例如规定测量的持续时间,减少频谱泄漏,从频率接近的信号中分离出幅值不同的信号,等等。

图 6 - 37 所示范例中的原始信号是两个谐波信号的叠加,正弦波 1 与正弦波 2 的频率较接近,但幅值相差 1 000 倍,利用谱分析的方法分辨两个频率。如果在 FFT 之前不加窗函数,则频域特性中幅值较小的信号被淹没。加 Hanning 窗后,两个频率成分都被检出,您可以在用户界面上选择不同的窗函数,可以看到,采用不同的窗函数频率分辨效果不同,有的窗函数能分辨,有的不能,有的效果好,有的效果差。图 6 - 38 是窗函数比较的程序框图,范例位于 examples\analysis\windxmpl.llb\Window Comparison.vi 中。

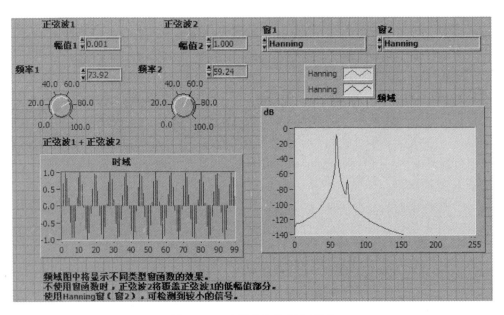

图 6 - 37　窗函数比较用户界面

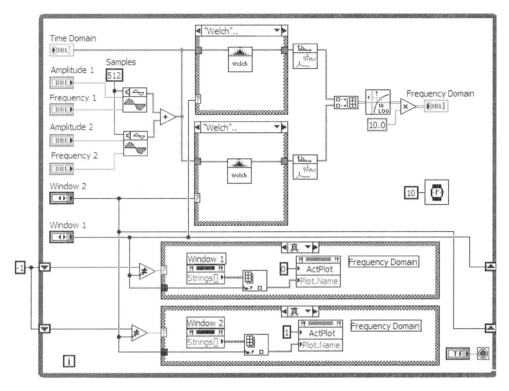

图 6 - 38　窗函数比较的程序框图

6.5　数字滤波

　　现代的数字采样和信号处理技术已经可以取代模拟滤波器,尤其在一些需要灵活性和编程能力的领域中,例如音频、通信、地球物理和医疗监控技术。虚拟仪器是基于计算机平台的,所以数字信号处理功能非常强大,基于虚拟仪器的测试系统,其滤波环节可以在计算机上完成,采用数字滤波的方式。

　　与模拟滤波器相比,数字滤波器具有下列优点:可以用软件编程;稳定性高,可预测;不会因温度、湿度的影响产生误差,不需要精度组件;很高的性能价格比。在LabVIEW 中可以用数字滤波器控制滤波器顺序、截止频率、脉冲个数和阻带衰减等参数。本节涉及的数字滤波器都符合虚拟仪器的使用方法,它们可以处理所有的设计问题、计算、内存管理,并在内部执行实际的数字滤波功能。

　　系统所能处理的最高频率是奈奎斯特频率,这同样适用于数字滤波器。例如,如果采样间隔是 0.001 s,那么采样频率是 1 kHz。下面几种滤波操作都是基于滤波器设计技术:平滑窗口;无限冲激响应(IIR)或者递归数字滤波器;有限冲激响应(FIR)或者非递归数字滤波器;非线性滤波器。

很多情况下,通带的增益在均值附近稍微发生变化是允许的,通带这种变化被称为通带波动(passband ripple),也就是实际增益与理想增益之间的差值。在实际使用中,阻带衰减(stopband attenuation)也不可能无限接近 0,所以必须指定一个符合需要的衰减值。通带波动和阻带衰减都使用分贝(dB)为单位。

另外一种滤波器分类方法是根据它们的冲激响应的类型。滤波器对于输入的冲激信号($x[0] = 1$ 且对于所有 $I <> 0$, $x[i] = 0$)的响应叫做滤波器的冲激响应(impulse response)。冲激响应的傅里叶变换被称为滤波器的频率响应(frequency response)。根据滤波器的频率响应,可以求出滤波器在不同频率下的输出。换句话说,根据它可以求出滤波器在不同频率时的增益值。对于理想滤波器,通频带的增益应当为 1,阻带的增益应当为 0。所以,通频带的所有频率都被输出,而阻带的所有频率都不被输出。

如果滤波器的冲激响应在一定时间之后衰减为 0,那么这个滤波器被称为有限冲激响应(FIR)滤波器。如果冲激响应一直保持,那么这个滤波器被称为无限冲激响应滤波器(IIR)。冲激响应是否有限(即滤波器是 IIR 还是 FIR),取决于滤波器的输出的计算方法。IIR 滤波器和 FIR 滤波器之间最基本的差别是,对于 IIR 滤波器,输出只取决于当前和以前的输入值,而对于 FIR 滤波器,输出不仅取决于当前和以前的输入值,还取决于以前的输出值。简单地说,FIR 滤波器需要使用递归算法。FIR 滤波器可以看成一般移动平均值,它也可以被设计成线性相位滤波器。IIR 滤波器有很好的幅值响应,但是无线性相位响应。IIR 滤波器的缺点是它的相位响应是非线性的,在不需要相位信息的情况下,例如简单的信号监控,IIR 滤波器就符合需要。而对于那些需要线性相位响应的情况,应当使用 FIR 滤波器。但是,IIR 滤波器的递归性增大了它的设计与执行的难度。

因为滤波器的初始状态是 0(负指数是 0),所以在到达稳态之前会出现与滤波器阶数相对应的过渡过程。对于低通和高通滤波器,过渡过程或者延迟的持续时间等于滤波器的阶数。

滤波器的主要参数选择有带通、带阻、过渡带宽、带通纹波和带阻衰减。带通指的是滤波器的某一设定的频率范围,在这个频率范围的波形可以以最小的失真通过滤波器。通常在带通范围内的波形幅度既不增大也不缩小,我们称它为单位增益(0 dB)。带阻指的是滤波器使某一频率范围的波形不能通过。理想情况下,数字滤波器有单位增益的带通,完全不能通过的带阻,并且从带通到带阻的过滤带宽为零。在实际情况下,一般不能满足上述条件,特别是从带通到带阻总有一个过渡过程,在一些情况下,使用者应精确说明过渡带宽。

有些应用场合,在带通范围内放大系数不等于单位增益是允许的。这种带通范围内的增益变化叫做带通纹波。另一方面,带阻衰减也不可能是无穷大,我们必须定义一个满意值。带通纹波和带阻衰减都是以分贝(dB)为单位,定义如下:

$$dB = 20 \times \log[A_o(f)/A_i(f)]$$

式中,$A_o(f)$ 和 $A_i(f)$ 是某个频率等于 f 的信号进出滤波器的幅度值。

假设带通纹波为 -0.02 dB,则有:

$$-0.02 = 20 \times \log[A_o(f)/A_i(f)]$$

$$A_o(f)/A_i(f) = 10^{-0.001} = 0.997\ 7$$

即输出波形幅度是输入波形幅度的 $0.997\ 7$,输入/输出波形幅度是非常接近的,误差很小。

假设带阻衰减等于 -60 dB,则有:

$$-60 = 20 \times \log[A_o(f)/A_i(f)]$$

$$A_o(f)/A_i(f) = 10^{-3} = 0.001$$

输出幅值仅是输入幅值的千分之一。衰减值用分贝表示时经常不加负号,我们已经设定它为负值。

图 6 - 39 演示的是带通切比雪夫滤波器,包括截止频率、通带波纹、阻带衰减,对应 Nyquist 图和频带衰减特性,可以发现,修改阶数可以改善通带滤波性能——阶数太低时滤波器性能最差。图 6 - 40 是该范例的程序框图,图中对每个函数功能都做了注解,该范例位于 examples\measure\maxmpl.llb\Nyquist Plot of a Filter.vi 中。

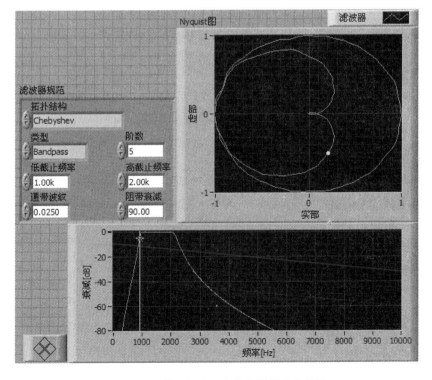

图 6 - 39　带通切比雪夫滤波器的用户界面

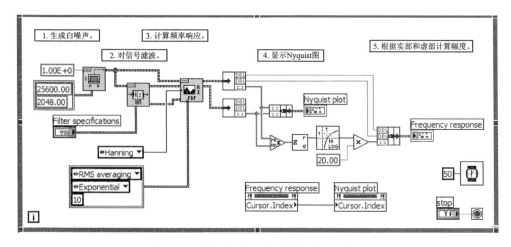

图 6-40　带通切比雪夫滤波器的程序框图

6.6　本章小结

本章介绍了如何利用虚拟仪器实现数字信号处理,介绍了 LabVIEW 数字信号处理选板下的功能函数及应用,对信号的发生、时域和时差域分析、频域分析以及加窗、滤波处理进行了范例演示。在范例的选择上,充分考虑了结合工程测试技术信号分析与处理的原理和虚拟仪器信号分析工作的实际,阐述了仿真信号分析和实际采集信号分析与处理之间的联系。

通过本章的学习,学生能够掌握信号发生器的虚拟仪器设计,信号的时域分析、时差域分析和频谱分析,理解加窗和滤波的原理,掌握其应用,如果需要 LabVIEW 更高阶的信号处理知识,如信号的时频分析、小波分析等,则需要将来更为深入的学习。

在信号分析和处理工作中,除了调用上述各函数编程,也可以在 LabVIEW 开始界面选择"基于模板"下的信号快速"生成、分析和显示",如图 6-41 所示,单击确认后进入程序编程。模板中给出的是幅值和电平测量 VI,您可以通过使用信号分析选板上的其他 Express VI,添加更多不同类型的数据分析处理。

本章习题

6-1　参考图 5-40 和图 5-41,设计虚拟示波器。

6-2　参考图 6-25 和图 6-26,设计自相关提取周期信号虚拟仪器。

6-3　编程证明正弦信号的自相关信号是余弦信号。

6-4　参考图 6-27 和图 6-28,设计互相关滤波频谱仪。

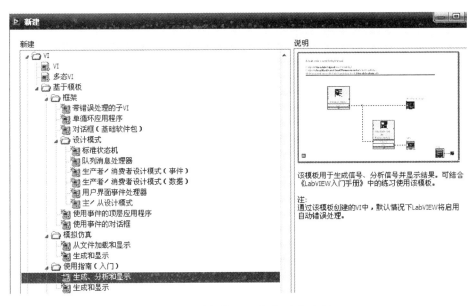

图 6 - 41　基于模板的信号生成、分析和显示 VI

6 - 5　参考图 6 - 31 和图 6 - 32,设计频谱仪。

6 - 6　利用信号处理选板下变换子选板中的 FFT 变换功能函数,设计单边和双边频谱分析仪,并说明二者之间的关系。

6 - 7　参考图 6 - 37 和图 6 - 38,设计频谱分析功能,能分辨频率很接近的复合信号中的频率成分,观察加不同时窗的频率分辨情况。

6 - 8　用数字滤波器消除不需要的频率分量,仿真 1 kHz 的方波信号,采样频率是 100 kHz,显示方波波形,同时将其送到滤波器的入口,滤波器类型设置为低通,低截止频率以上频率的信号将被滤除,其采样频率端直接连接到前面的采样频率控制端,也是 100 kHz,滤波器的阶数选为 6,运行这个 VI,改变低端截止频率,观察不同低端截止频率的输出信号的时域及频域显示。

第 7 章　数据处理

数据处理是工程测试技术必不可少的组成部分,常用的包括测量数据预处理、曲线拟合、概率统计、误差处理等。按测量方法分类,测量有静态测量和动态测量两大类。我们常说的数据处理主要是指静态测量的误差与数据处理,动态测量的误差与数据处理和动态信号的分析与数字处理是相通的,比如测量信号的预处理包括防混叠滤波、异常值剔除,其中防混叠低通滤波属于数字信号的处理,异常值剔除则归为粗大误差的数据处理。

关于误差与数据处理有专门的论著,内容包括测量误差的分类与处理、误差合成与分解、测量不确定分析、最小二乘法、一元线性拟合、多元线性拟合、非线性拟合、动态数据处理等,这些都可以实现虚拟仪器编程与处理。编写数据处理 VI 的函数大部分在函数选板下一级的数学选板内,图 7-1 中列出了常用的数据处理的功能函数,其中常用的数值选板、脚本与公式选板前已述及。

图 7-1　数学选板函数

在静态测量的数据处理中主要使用曲线"拟合",用于静态标定数据处理和静态技术指标的求取。在动态测量的数据处理中主要使用"概率与统计",用于统计被测信号的均值与分布和求取动态误差限等,有些工程测试技术教程把这部分内容放在信号分析与处理的知识中,即在幅值域分析被测信号,求取信号的概率密度和概率分布函数。

7.1　曲线拟合

曲线拟合的目的是找出一系列的参数 a0，a1，……通过这些参数模拟实验结果，考察出对象之间的函数关系。曲线拟合在静态标定的数据处理中用得最多。常用的实验数据曲线拟合方法有端基法和最小二乘法。端基法最为方便，拟合结果也最为粗糙，其做法是按拟合线性选取标定数据的头尾直接相连获得拟合直线，求取静态灵敏度和非线性度，这种方法受主观因素影响较大。在静态标定的线性拟合方法中以最小二乘法应用最多，该方法更加科学客观，但是因为计算量大，需要编程实现。除静态标定数据处理之外，最小二乘法在组合测量的数据处理和回归分析中，也是核心算法。

图 7 - 2 是拟合选板，包括线性拟合、指数拟合、幂函数曲线拟合等函数。

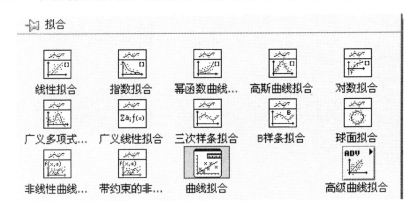

图 7 - 2　拟合选板函数

线性拟合：把实验数据拟合为一条直线 y[i]＝a0＋a1 * X[i]，通过最小二乘法、最小绝对残差或 Bisquare 方法返回数据集(X，Y)的线性拟合，在静态标定中静态灵敏度可以通过求取拟合斜率获得，拟合精度与拟合标准差有关。

指数拟合：通过循环调用广义最小二乘法和 Levenberg - Marquardt 法使数据拟合为指数曲线：$y[i]＝ae^{bx[i]}＋c$。

广义多项式拟合：把数据拟合为多项式函数 $y[i]＝a0＋a1 * X[i]＋a2 * X[i]^2\cdots$，通过最小二乘法、最小绝对残差或 Bisquare 方法返回数据集(X，Y)。

曲线拟合：集中了拟合函数选板下的线性拟合、二次方程拟合、多项式拟合、非线性拟合等多个模型类型供选择，数据图和残差图显示了拟合结果，如图 7 - 3 所示。

曲线拟合在实际数据处理中应用很广泛，如消除测量噪声，填充丢失的采样点（例如，如果一个或者多个采样点丢失或者记录不正确），插值（对采样点之间的数据

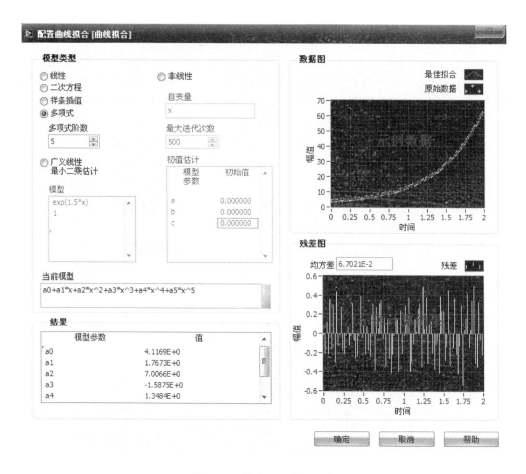

图 7 - 3　快速配置曲线拟合

的估计,例如当采样点之间的时间差距不够大时)、外推(对采样范围之外的数据进行
估计)、数据的差分(例如在需要知道采样点之间的偏移时,可以用一个多项式拟合离
散数据,而得到的多项式可能不同)、数据的合成(例如在需要找出曲线下面的区域,
且只知道这个曲线的若干个离散采样点的时候),求解某个基于离散数据的对象的速
度轨迹(一阶导数)和加速度轨迹(二阶导数)。

　　图 7 - 4 和图 7 - 5 是仿真的实测标定信号进行线性拟合,采样点为 200,选择了
线性多项式拟合,拟合阶数为 5(一般情况下,尽可能使用最低阶的多项式),拟合斜
率、均方差等结果如图 7 - 4 所示。该范例位于 examples\analysis\regressn.llb\Re-
gressions Demo.vi 中。

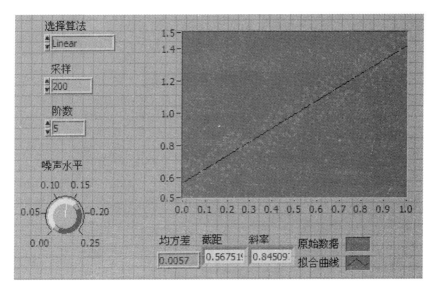

图 7 - 4　最小二乘线性拟合用户界面

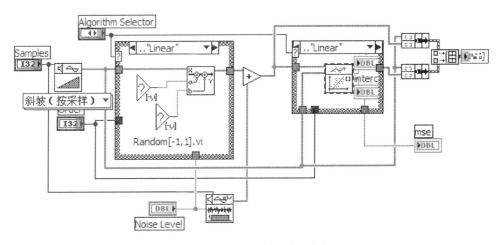

图 7 - 5　最小二乘线性拟合程序框图

7.2　回归分析

回归分析是应用数学的方法,对大量的测量数据进行处理,得出符合被测对象内部规律的数学表达式。回归分析是英国科学家高尔顿(Galton)在《自然遗传》一书中首先提出的,该书于 1889 年出版。回归分析是处理变量之间相关关系的一种数理统计方法。

回归分析是数理统计学的一个重要分支,起源于生物科学研究,在工农业生产和科学研究中得到广泛的应用,特别是在试验数据处理、经验公式的求取、因素分析、仪器精度分析、产品质量控制、气象及地震预报、自动控制中的数学模型分析等领域尤为重要,有些领域已经发展出相应的数据处理软件。回归分析主要处理以下几个方面的问题:

　　① 从一组数据出发确定这些变量之间的数学表达式,即回归方程或经验公式。

　　② 对回归方程的可信程度进行统计检验。

　　③ 对被测对象进行因素分析,即从对共同影响一个变量的诸多因素中,找出各个影响因素的影响程度。

　　工程和科学实验中,常用的回归分析包括一元线性回归、一元非线性回归、多元线性回归、线性递推回归。一元回归是处理两个变量之间的关系,通过实验获得数据,分析所得数据,找出两者之间的关系,与前述的直线拟合是一样的,如传感器标定获得灵敏度就是通过这种方式实现的。

　　回归方程的求解有两种方式,一种是通过列表用代数的方式求解,一种是利用矩阵的方式求解。虽然求解手段不同,但核心都是基于最小二乘法原理,回归分析是最小二乘法的应用与扩展。

　　图 7 - 6 所示 1 组实测数据,6 对实测点,采用一元线性回归获得拟合直线和相应的拟合数据。从图中可以看出拟合数据与实测点的误差较大,计算所得均方差值为 1 726,回归方程为 $y = -39.543 + 38.557x$。对应的程序框图如图 7 - 7 所示,该范

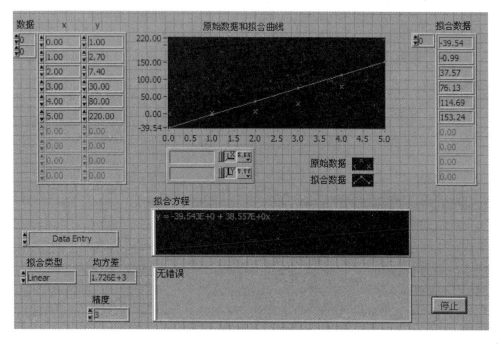

图 7 - 6　回归方程求解用户界面

例位于 examples\analysis\regressn.llb\Regression Solver.vi 中,该范例提供了 3 种拟合方法,即线性拟合、多项式拟合和指数拟合。如果改为多项式拟合,则拟合精度提高,拟合方程为 $y = 12.404 + 39.362x + 15.584x^2$,拟合均方差为 214.7。如果改为指数拟合,则拟合方程为 $y = 1.387\mathrm{e}^{1.013x}$,拟合均方差为 2.034,此种方法拟合精度最高。

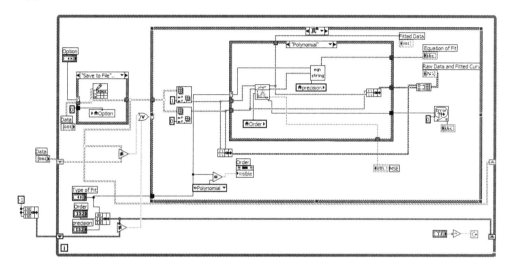

图 7-7　回归方程求解程序框图

7.3　线性代数

　　数学选板为数据处理提供了拟合、微积分、插值、概率与统计等功能 VI,可以完成工程测量数据处理中的大部分工作。如果在进行测量误差处理时从原理和公式出发,则需要用到行列式、矩阵和向量的计算,在数学选板下的线性代数选板中就有这些功能函数,包括线性代数各功能函数和基本线性代数,如图 7-8 所示。

　　以最小二乘法为例,既可以用线性拟合函数 VI 实现(见图 7-5),也可以基于矩阵计算实现,如图 7-9 所示,其计算是以矩阵求解形式完成的,计算公式如下。

　　设有列向量

$$\boldsymbol{L} = \begin{bmatrix} l_1 \\ l_2 \\ \vdots \\ l_n \end{bmatrix} \quad \hat{\boldsymbol{X}} = \begin{bmatrix} x_1 \\ x_2 \\ \vdots \\ x_t \end{bmatrix} \quad \boldsymbol{V} = \begin{bmatrix} v_1 \\ v_2 \\ \vdots \\ v_n \end{bmatrix} \quad \boldsymbol{A} = \begin{bmatrix} a_{11} & a_{12} & \cdots & a_{1t} \\ a_{21} & a_{22} & \cdots & a_{2t} \\ \vdots & \vdots & & \vdots \\ a_{n1} & a_{n2} & \cdots & a_{nt} \end{bmatrix}$$

式中: $l_1, l_2, \cdots, l_n$ 为已经获得的测量数据的 n 个测量结果; $x_1, x_2, \cdots, x_t$ 为 t 个待求的被测量的估计值; $v_1, v_2, \cdots, v_n$ 为 n 个直接测量结果的残余误差; $a_{11}, a_{21}, \cdots, a_{nt}$ 为 n 个误差方程的系数。

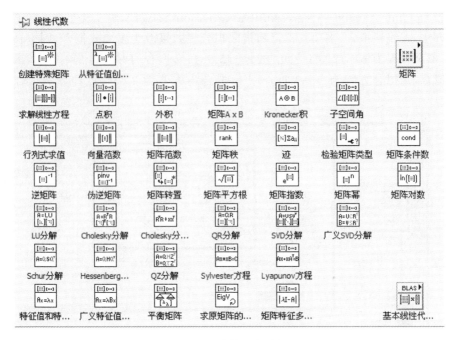

图 7-8　线性代数选板

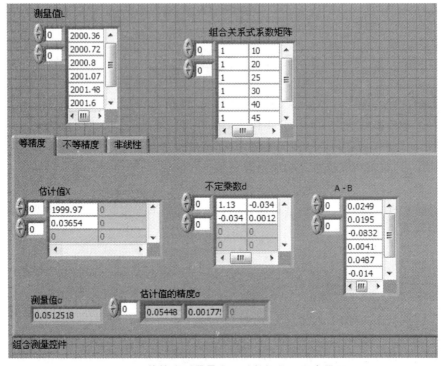

图 7-9　等精度测量最小二乘数据处理用户界面

线性参数的误差方程可以表示成

$$V = L - A\hat{X}$$

等精度测量残余误差平方和最小,即 $V^T V =$ 最小。

令 $C = A^T A$,正规方程为

$$C\hat{X} = A^T L$$

正规方程的矩阵解为

$$\hat{X} = C^{-1} A^T L$$

图 7-9 是应用最小二乘原理对等精度组合测量进行的数据处理,已知铜棒长度与温度的关系是线性关系,$y_1 = y_0(1 + \alpha t)$,其中 y_0 是 0 ℃时的铜棒长度,α 是铜材料的线膨胀系数。下面数据为在不同温度下实际测量的铜棒长度:

i	1	2	3	4	5	6
t/℃	10	20	25	30	40	45
l/mm	2 000.36	2 000.72	2 000.80	2 001.07	2 001.48	2 001.60

长度实际测量值和组合关系系数的输入如图 7-9 所示,根据运行结果可知,估计值 $y_0 = 1\,999.97$ mm,$\alpha = \dfrac{0.036\,54}{1\,999.97} \approx 0.000\,018\,3/℃$,因此铜棒长度随温度的变化关系为:$y_1 = 1\,999.97(1 + 0.000\,018\,3t)$,相应的程序框图如图 7-10 所示。

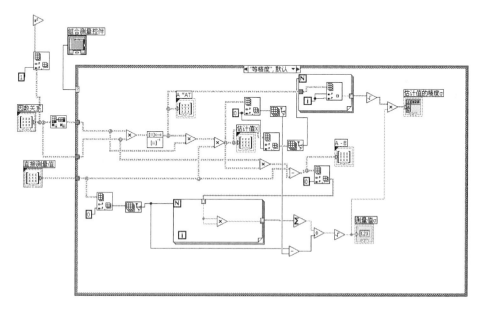

图 7-10 等精度测量最小二乘数据处理程序框图

7.4　本章小结

　　本章介绍了数据处理常用的曲线拟合、回归分析以及它们的虚拟仪器实现,介绍了利用线性代数实现数据处理,读者可以通过练习掌握各种 VI 函数的使用,可以参考误差原理与数据处理教材实现测试测量技术中常用数据处理方法的虚拟仪器实现。

本章习题

　　7-1　创建 VI,计算两个 n 维向量的标量积。将使用数组和数组函数得到的计算结果和基本线性代数 Dot Product.vi 的计算结果进行比较。

$$\boldsymbol{V}_1 = \begin{bmatrix} v_1(0) \\ v_1(1) \\ \vdots \\ v_1(n) \end{bmatrix}, \quad \boldsymbol{V}_2 = \begin{bmatrix} v_2(0) \\ v_2(1) \\ \vdots \\ v_2(n) \end{bmatrix}$$

$$\boldsymbol{V}_1 \cdot \boldsymbol{V}_1 = v_1(0)v_2(0) + v_1(1)v_2(1) + \cdots + v_1(n)v_2(n)$$

　　7-2　创建 VI 对两个输入矩阵 $\boldsymbol{A}$ 和 $\boldsymbol{B}$ 执行矩阵乘,$\boldsymbol{A}$ 是 $n \times m$ 阶矩阵,$\boldsymbol{B}$ 是 $m \times p$ 阶矩阵,产生的矩阵 $\boldsymbol{C} = \boldsymbol{AB}$ 是 $n \times p$ 阶矩阵,至少用两种计算方法实现。

　　7-3　创建 VI 计算并绘制多项式 $y = Ax^2 + Bx + C$,通过用户界面输入 A、B、C 和点数 N,计算 $x_0 - x_{N-1}$ 区间上的多项式,并用 XY 图形显示。

　　7-4　创建 VI 绘制圆和椭圆,椭圆公式如下:

$$r^2 = \frac{A^2 B^2}{A^2 \sin^2 \phi + B^2 \cos^2 \phi}$$

其中 r、A、B 为输入,$0 \leqslant \phi \leqslant 2\pi$。

　　7-5　创建 VI 绘制 $y = \int_0^{n\pi} \sin x \, \mathrm{d}x$,$0 \leqslant x \leqslant n\pi$,其中 n 为输入。

第8章　数据采集与仪器控制

从虚拟仪器的发展起源上可知,虚拟仪器之所以成为测试测量领域的利器,主要原因在于其在信号采集和仪器控制技术上的巨大优势——通过从现实世界中采集数据将计算机变成虚拟仪器。如1.3节所述,虚拟仪器按接口方式不同有多种,这些分类可以归为两个大类,一类是使用传统的外部仪器(如万用表、示波器等)进行数据采集和处理,一类是通过虚拟仪器DAQ(Data AcQuisition 的简称)设备进行数据采集。前者的数据采集在虚拟仪器中实现需借助仪器I/O选板中的函数实现,后者通过调用测量I/O选板中的函数实现。

构建虚拟仪器采集系统可以用传统仪器实现,也可以通过DAQ设备实现,或者二者兼而有之实现多种信号的采集,采用哪种信号采集方式取决于成本控制、测量计划和测量中的变通灵活性。一般地,购买插卡式DAQ设备远比购买一台独立传统仪器便宜,如果原本就有独立仪器的,通过独立仪器进行信号采集更经济。

LabVIEW几乎能与任何厂家的硬件设备相连,实现信号的传输和仪器控制。LabVIEW的数据采集程序库包括了NI公司数据采集(DAQ)卡的驱动控制程序,通常一张卡可以完成多种功能:模/数转换、数/模转换、数字量输入/输出,以及计数器/定时器操作等。用户在使用之前必须对DAQ卡的硬件进行配置。这些控制程序用到了许多底层的DAQ驱动程序。

除上述两种信号采集方法之外,还有一种基于计算机本身的信号采集方法——基于声卡的虚拟仪器。每台计算机都有一个内置声卡,声卡是计算机音频输入/输出设备,用于记录、合成和回放语言、音乐、歌曲,从测控的角度来看,声卡是一个具有双通道A/D和双通道D/A的信号采集和输出设备,可以测量音频范围内的信号。基于声卡的虚拟仪器也可称为手边的虚拟仪器,其软件实现可选择编程→图形与声音→声音选板中的几个声音信号采集函数来实现。

8.1　DAQ数据采集

DAQ是NI独有的数据采集卡,是一套用于数据采集的硬件,按其与计算机的连接方式,可分为外接式和插卡式。目前,学生实验常用的外接式DAQ有USB接口的MyDAQ,插卡式有PCI接口的插卡式DAQ,本书以NI USB - 6210为例说明DAQ数据采集的过程。NI USB - 6210的资料可查询NI官网。

DAQ数据采集通常指在执行A/D转换时收集数据,有时也被延伸到数据产生。打开LabVIEW中的测量I/O选板,如图8-1所示,DAQmx-数据采集是DAQ的驱动程序,编写 DAQ 数据采集由该函数实现。

注意,当计算机没有安装 NI
DAQ 驱动时,测量 I/O 选板中是不
会出现 DAQmx 功能模块的。任何
与计算机通信的设备都需要有驱动
程序,让计算机知道设备已经连接并
可以使用,DAQ 设备都带有驱动程
序,封装起来称为 NI - DAQmx。通
常 DAQmx 驱动是 DAQ 硬件随机

图 8 - 1   测量 I/O 选板函数

带的附件,如果时间长了找不到驱动程序可以到 NI 官网下载,下载时须注意
DAQmx 版本应该与您计算机操作系统匹配。

正常情况下,先安装 LabVIEW 应用软件,再安装 NI - DAQmx 驱动,安装驱动
的同时会在计算机上自动安装测量与自动化管理器 MAX(Measurement & Auto-
mation Explorer 的简称)。该软件既可以在计算机上独立运行,也可以在 LabVIEW
中调用,路径为工具菜单下 Measurement & Automation Explorer。MAX 是一个
Windows 软件接口,方便配置和测试硬件,可以访问各种接口的设备,通过配置
MAX 可以创建所需的任一虚拟仪器。运行该软件能够识别挂接在计算机上的
DAQ、GPIB、VXI 设备,查看各种设备的工作状态,如果 DAQ 设备工作在正常状态,
可以直接使用该设备的示波器功能。

安装 NI - DAQmx 驱动成功后,就能在软件中找到 DAQmx 的 API 函数。如
图 8 - 2 所示,API 函数包括创建、配置、开始、停止、读取、写入、定时、触发等功能,可

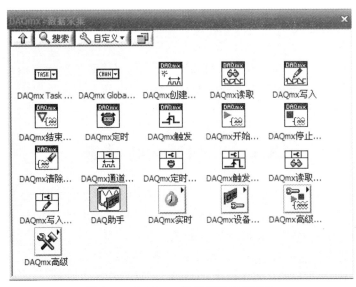

图 8 - 2   DAQmx - 数据采集选板函数

以参考范例了解各功能的使用,初学者可以借助 DAQ 助手完成 DAQmx 的配置和调用。

8.1.1　信号采集相关的参数配置

DAQ 系统的基本任务是物理信号的产生和测量,要使计算机系统能够测量物理信号,必须使用传感器把物理信号转换成电信号,一般为电压或者电流信号。严格地说,所有测量信号都是时变的模拟信号,为实现方便测量,常根据信号传递的物理信息类型划分信号。物理量的信息类型通常用状态、速率、电平、形状和频率成分来描述,与之对应的信号类型及测量分析方式可用表 8 - 1 来表示。

表 8 - 1　信号采集中的信号分类

信号大类	信号形式	测量分析	信号信息
数字信号	通—断	TTL 线路	状态
	脉冲序列	计数器/定时器	速率
模拟信号	DC	ADC/DAC(低)	电平
	时域	ADC/DAC(快)	形状
	频域	ADC(快)	频率成分

数字信号形式包括通—断和脉冲序列两种。通—断数字信号与二进制信号对应,二进制信号只有两种状态,分别用高电平(通)和低电平(断)表示,如 TTL 开关和 LED 状态,用于传递有关数字信号状态的信息。测量这种信号的硬件是简单的数字状态检测器。脉冲序列数字信号与速率信号对应,由一系列的状态变化构成,包含的信息由状态变化的速率和次数、周期来表示,如光电编码器的输出信号,用于步进电机的位置和速度控制的数字脉冲序列等。

模拟信号形式包括 DC 信号、时域信号和频域信号三类。模拟 DC 信号也叫电平信号,属于静态的或缓变的信号,通过特性时刻的电平或幅度传递有用信息,测量时注重测量电平的精度而不是时间或速率,测量时 DAQ 将模拟信号转换为计算机能识别的数字值,类似于模/数转换的功能,以低速率采样即可。常见的以 DC 信号描述的物理信号有温度、电池电压、压力、静态负载,这些信号在 VI 中通常用仪表、量表、条形图表、数字读出器等显示。总之,DAQ 采集 DC 信号要求精确测量信号电平,即高精度、高分辨率,不需要高速率采样(通常采样频率为 10 Hz),测量时软件定时即可。

模拟时域信号也叫波形信号,通过随时间变化的信号电平传递有用信息,我们对波形的形状特征感兴趣,如波峰、位置、斜率等。测量速率要能保证抓住波形特征,同时测量必须在适当的时间开始,使采集到的波形有效,因此 DAQ 不仅应具有 ADC 功能还应有触发器功能。此外,还需要采样时钟为每次的 A/D 转换精确定时,并且应该是宽带的高速率采样。DAQ 在采集模拟时域信号时应满足以下指标:

① 宽带,以高速率采样;

② 精确的采样时钟,在精确时间间隔内采样,要求硬件定时;

③ 触发设置,在精确的时刻启动测量。

模拟频域信号实际上是在模拟时域信号的基础上实现的,属于 DAQ 的分析功能,因此用来测量频域信号的 DAQ 除了具有 ADC、采样时钟和触发器之外,还应该有分析功能,将时域信息转换为频域信息。这部分可以由分析软件或专门的 DSP 硬件实现。频域分析是语音、声学、地球物理、振动和系统变换等领域的必备工具。

通常情况下不能把被测信号直接连接到 DAQ 卡,必须使用信号调理辅助电路,先将信号进行一定的处理,才可以接入 DAQ 采集系统。当采用 DAQ 卡测量信号时,必须考虑输入模式、分辨率、输入范围、采样速率、精度和噪声等因素。

DAQ 设备测量时有三种测量方式:差分输入、单端接地、单端浮地。这三种测量方式可以通过应用软件 NI - MAX 配置。大多数带有仪器放大器的 DAQ 设备都可以配置成差分测量系统(differential measurement),差分测量系统的两个输入端都不连接到固定的基准点上。差分输入方式下,每个输入可以有不同的接地参考点,由于消除了共模噪声的误差,所以差分输入的精度较高。

单端接地(Reference Signal - ended measurement,RSE)输入以一个共同接地点为参考点,类似于接地信号源,大部分插卡式 DAQ 设备都提供了这一选择。这种方式适用于输入信号高电平(大于 1 V),信号源与采集端之间的距离较短(小于 15 ft),并且所有输入信号有一个公共接地端的情况。如果不能满足上述条件,则需要使用差分输入。

单端浮地(简称 NRSE)是 DAQ 使用 RSE 测量技术的变形,所有测量都基于公共基准点,但基准电压随着测量系统的接地变化而变化。

一般来说,测量接地信号源使用差分或 NRSE 系统,测量浮地信号源使用 RSE 系统;使用 RSE 测量接地信号源可能会导致地回路,导致测量错误;使用差分或 NRSE 系统测量浮地信号可能受偏流影响,使输入电压偏移出 DAQ 设备的量程,无论是否已经在输入和地之间安装了偏压电阻。注意:常见接地信号源为输出不带隔离电路的信号调理系统或仪器,浮地信号源有热电偶、电池设备、输出带隔离电路的信号调理系统等。

输入范围是指 ADC 能够量化处理的最大、最小输入电压值。DAQ 卡提供了可选择的输入范围,它与分辨率、增益等配合,以获得最佳的测量精度。

分辨率是模/数转换所使用的数字位数。分辨率越高,输入信号的细分程度就越高,能够识别的信号变化量就越小。图 8 - 3 表示的是一个正弦波信号,用三位模/数转换获得的数字结果。三位模/数转换把输入范围细分为 2^3 份,二进制数从 000 到 111 分别代表一份。显然,此时数字信号不能很好地表示原始信号,因为分辨率不够高,许多变化在模/数转换过程中丢失了。如果把分辨率增加为 16 位,模/数转换的细分数值就可以从 2^3 增加到 2^{16}(即 65 536),它就可以相当准确地表示原始信号。

增益表示输入信号被处理前放大或缩小的倍数。给信号设置一个增益值,你就

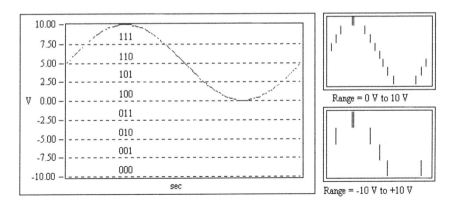

图 8-3 正弦波信号的 A/D 转换

可以实际减小信号的输入范围,使模/数转换能尽量地细分输入信号。例如,当使用一个 3 位模/数转换,输入信号范围为 0~10 V,图 8-4 显示了给信号设置增益值的效果。当增益为 1 时,模/数转换只能在 5 V 范围内细分成 4 份,而当增益为 2 时,就可以细分成 8 份,精度大大提高了。但是必须注意,此时实际允许的输入信号范围为 0~5 V。一但超过 5 V,当乘以增益 2 以后,输入到模/数转换的数值就会大于允许值 10 V。

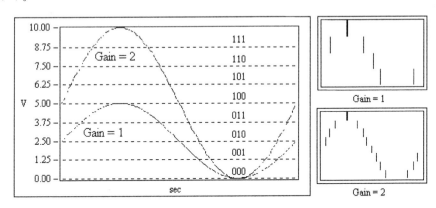

图 8-4 不同增益的正弦波信号

总之,输入范围、分辨率以及增益决定了输入信号可识别的最小模拟变化量。此最小模拟变化量对应于数字量的最小位上的 0、1 变化,通常叫做转换宽度(code width)。其算式为:

$$转换宽度＝输入范围/(增益 \times 2^{分辨率})$$

例如,一个 12 位的 DAQ 卡,输入范围为 0~10 V,增益为 1,则可检测到 2.4 mV 的电压变化。如果输入范围为－10~10 V(20 V),则可检测的电压变化量为 4.8 mV。

除了幅值输入范围,DAQ 参数配置还要配置采样频率。采样率的配置与可采频率范围有关,与采样精度有关。采样率决定了模/数转换的速率,采样率高,在一定时间内采样点就多,对信号的数字表达就越精确。采样率必须保证一定的数值,如果太低,则精度就很差。图 8-5 表示了采样率对精度的影响,第一个图是采样充分的,第二个图采样率过低。

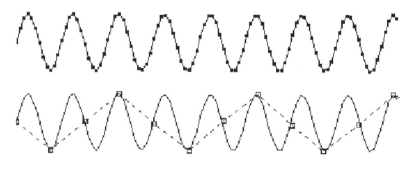

图 8-5　采样率对精度的影响

根据奈奎斯特采样定理,采样频率必须是信号最高频率的两倍,否则会发生频率混叠。一旦发生频率混叠,信号就不可恢复了。例如音频信号的频率一般达到 20 kHz,因此其采样频率至少需要 40 kHz,为了充分保持信号的形状,实际工作中使用比奈奎斯特频率高得多的频率采样,一般为最高频率的 5～10 倍。

许多实际应用中,信号被高频噪声、瞬时脉冲或尖峰信号干扰,如正常的心电图信号(ECG)频率通常在 250 Hz 以下,但电极中很容易混入 kHz 甚至 MHz 级的 RF 射频噪声,如果预知有用信号的频率范围,就可以在 DAQ 设置中配置抗混叠滤波器的频率上限,滤除掉高频干扰信号,DAQ 就不需要在极高的频率下采样了。

8.1.2　配置 DAQ 测量设备

运行 MAX 程序或在 LabVIEW 中的工具菜单下选择 MAX,进入"我的系统"界面,如图 8-6 所示,打开"设备和接口",出现 NI USB-6210"Dev1",表示当前挂接到本机的设备 USB-6210,计算机分配的设备号为 Dev1。单击当前设备后主界面出现设备信息,包括设备号、读取到的设备供应商、型号、序列号、工作状态、当前设备温度、校准状况等信息。

工具栏包括刷新、配置、重置、自检、自校准、测试面板和创建任务图标按钮,单击测试面板图标按钮进入当前设备的示波器功能,可以当示波器使用,见图 8-7。观察 Dev1 设备 a0 通道的信号,可以改变测量模式,也可以选择输入配置模式。编程前通常采用这种测试方法观察被测信号,当被测信号达到预期时关闭 MAX,进入编程界面调用当前设备进行信号采集编程,如果采集程序运行过程中出现问题,也可以返回 MAX 运行自检和测试,查找问题所在。注意程序运行过程中如果不关闭 MAX,运行程序可能会导致硬件冲突,出现程序运行错误。

当您手边没有 DAQ 设备时,练习信号采集编程可以在 MAX 中设置仿真设备,练习数据采集编程和 DAQ 设备的使用。当实际 DAQ 连接到计算机时,可以很容易

图 8 - 6　MAX 下的 DAQ 配置

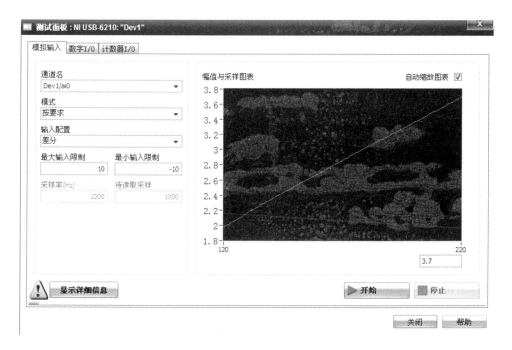

图 8 - 7　测试面板窗口

地将仿真设备的配置导入到物理设备。创建 DAQmx 仿真设备可以按以下步骤进行：

① 在 MAX 界面上右击设备与接口，选择新建工具条，弹出图 8-8 所示界面，选择 NI-DAQmx 设备或模块化仪器，单击"完成"按钮。

图 8-8　在 MAX 中创建 DAQmx 仿真设备

② 弹出图 8-9 所示仿真设备类型，选择要练习的设备类型，如 USB 型，弹出 USB 型 DAQ 设备，我们选择 6009，这时会发现 USB-6009 已添加到了设备与接口

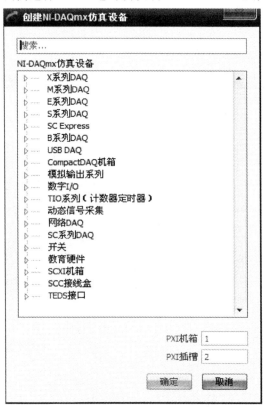

图 8-9　DAQmx 仿真设备类型

下,状态显示是"模拟的",计算机分配的设备名称是 Dev2,如图 8 – 10 所示。

图 8 – 10　仿真的 DAQ 设备

③ 右击仿真 USB – 6009,可以发现其可操作动作和物理设备是一样的,可以自检,可以使用测试面板,可以删除,可以进行参数配置。需要注意的是,因为仿真设备并未连接真实的设备,所以它的测试面板不具备示波器功能。

如果采集的数据需要换算,则可以在 DAQ 配置时设置换算类型,指定换算后的值与设备测量或生成所得的物理现象之间的转换。例如封闭容器中理想气体的压力与其温度相关,可以创建一个测量温度的虚拟通道,再使用一个自定义换算将温度换算为一个压力读数。对于输入操作,自定义换算用于将现实单位转换为换算后单位。对于输出操作,自定义换算用于将现实单位转换为换算后单位。在应用程序中使用自定义换算时,可指定换算后单位表示的最小值和最大值。

DAQ 换算位于测量 I/O→DAQmx –数据采集→DAQmx 高级选板中,如图 8 – 11 所示;将 DAQmx 换算放置到程序框图中,如图 8 – 12 所示,共有 4 种方式可以选择:线性、映射量程、多项式、表格。

图 8 – 11　DAQmx 高级选板

线性换算是按照等式 $y = mx + b$ 进行换算,其中 x 是换算前的值,y 是换算后的值。映射量程换算是将一个范围内的换算前的值按比例换算为另一个范围内的换算后的值。多项式换算是通过一个 n 阶多项式进行换算。表格换算可将换算前的值以数组形式映射到换算后的数组值,其他值均按比例进行插值换算。图 8 - 13 所示采用表格形式进行换算,以数组形式分别输入换算前和换算后的数值关系,输出是被采集数据的变换。

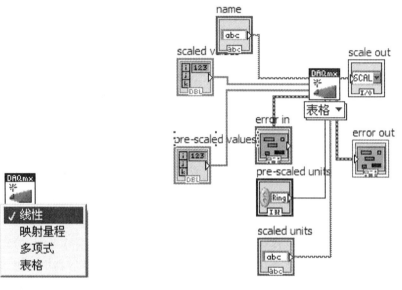

图 8 - 12 DAQmx 换算功能模块   图 8 - 13 以表格形式进行换算

单位换算的配置也可以在 MAX 功能下实现,用鼠标右键点击换算,出现新建提示,然后出现新建 DAQmx 换算选项,点选该选项,单击"下一步"按钮,出现新建 DAQmx 换算,如图 8 - 14 所示;选择表格换算模式,输入换算名称,如温度换算,单击"完成"按钮,出现图 8 - 15 所示界面。以铜-康铜低温热电偶温度分布表为例,分别输入换算前的单位和换算后的单位,以表格形式输入电动势和温度点的数值对应关系。

DAQ 数据采集需要配置信号采集通道,通道的描述分为物理通道和虚拟通道两种。物理通道是测量和发生模拟信号或数字信号的接线端或引脚,虚拟通道是包括了名称、物理通道、输入端连接、信号测量或生成的类型以及换算信息在内的一组属性设置。在 NI - DAQmx 中,任何测量活动都需要使用虚拟通道。在 NI - DAQmx 中使用 DAQ 助手可配置通道和测量任务,可以通过 MAX 或 NI 应用软件打开。

在 NI - DAQmx 中,任务是一个重要概念,指一个或多个具有定时、触发等属性的虚拟通道。就概念而言,任务就是执行的信号测量或信号生成,可将所有配置信息设置和保存在一个任务中并用于某个应用程序。

虚拟通道可以是任务的一部分,也可以独立于任务。位于任务内的通道是局部

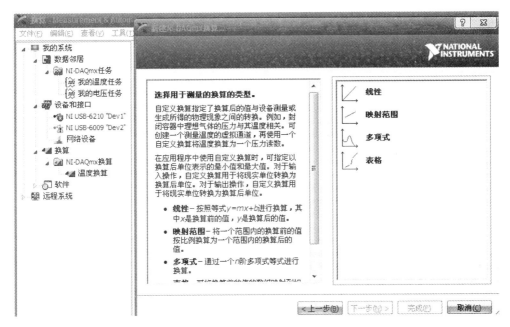

图 8 - 14　新建 DAQmx 换算界面

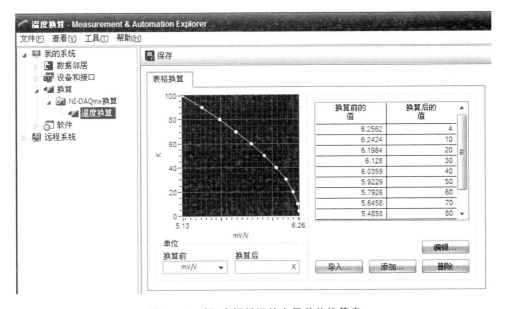

图 8 - 15　铜-康铜低温热电偶单位换算表

虚拟通道,位于任务外的通道是全局虚拟通道。可在 MAX 或自定义应用软件中创建全局虚拟通道并在 MAX 中保存这些通道,全局虚拟通道可用于任何应用程序或添加到多个不同的任务中。一旦全局虚拟通道发生改变,则所有引用了该全局虚拟通道的任务都将受到影响。多数情况下,使用局部虚拟通道更为简便。

右键点击 MAX 下的数据邻居,选择新建 DAQmx 全局虚拟通道,按向导一步步设置虚拟通道,如图 8 - 16 所示。

图 8 - 16　新建 DAQmx 虚拟通道

如果之前已配置了与任务具有相同测量类型的全局虚拟通道,则单击虚拟选项卡可向任务添加或复制全局虚拟通道,如图 8 - 17 所示。复制全局通道至任务后,全局通道将变为一个局部虚拟通道。将全局虚拟通道添加至任务后,任务将使用实际的全局虚拟通道,任何对全局虚拟通道的改动都将反映在任务中。对于支持在任务中存在多个通道的硬件,可选择同时向任务添加多个通道。

在图 8 - 17 所示界面上单击"确定"按钮,进入图 8 - 18 所示界面,此处可以设置量程的最大值和最小值,设置热电偶类型,设置 CJC 源;CJC 通道指定将 CJC 源设为通道时采集热电偶冷端补偿温度的虚拟通道。在通道列表中,作为 CJC 通道的本地虚拟通道必须在热电偶通道之前出现。如果虚拟通道是温度虚拟通道,那么 NI - DAQmx 将以正确的单位采集温度。其他虚拟通道类型,如带有自定义传感器的阻抗虚拟通道,必须使用一个自定义换算以将值换算为摄氏温标。

如果是采集电压任务,如图 8 - 19 所示,则需要设置测量范围、接地方式、采样方式、是否换算等参数。

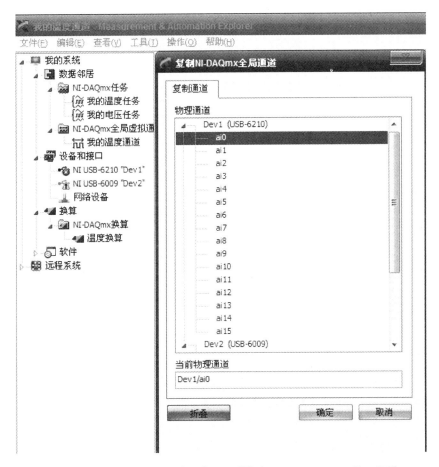

图 8 - 17　复制"我的温度全局虚拟通道"到 Dev1 USB - 6210 的 0 通道

采集模式共有 4 种,如图 8 - 20 所示,依被测对象和测量精度不同,选择不同的采集模式。

总之,选择和配置硬件需要考虑的信息如下:

① 正在使用什么操作系统?

② 可以使用什么类型的总线和连接器?

③ 需要多少模拟输入/输出?

④ 需要输入的信号是电压还是电流? 输入范围是多少?

⑤ 需要多少数字输入/输出?

⑥ 需要计数或定时信号吗? 多少路?

⑦ 模拟输入/输出需要信号调理吗?

⑧ 模拟 I/O 有超过 10 V 或 20 mA 的非标信号吗?

⑨ 每个通道需要的最低采样率是多少?

⑩ 需要多高的精度或分辨率?

图 8-18　"我的温度通道"参数设置

图 8-19　采集电压任务

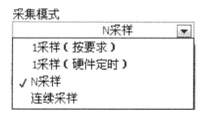

图 8 - 20　采集模式

8.1.3　DAQ 信号采集

初学者使用 DAQ 助手练习信号采集是学习数据采集的捷径,DAQ 助手是一个快速 VI,用来创建、编辑并使用 NI - DAQmx 运行任务。

在函数选板下选择测量 I/O→DAQmx -数据采集,用鼠标选中 DAQ 助手将其放置于程序框图上,助手将自动进行初始化配置,弹出对话框引导您选择信号测量或产生类型,一旦选择了测量类型就不能再更改了,但是可以增加或删除同样测量类型的通道,如果需要改变测量类型,需要从新的 DAQ 助手开始。

图 8 - 21 演示了利用 DAQ 助手进行 4 个通道的数据采集硬件配置,使用模拟 NI - DAQmx 设备,具体步骤如下:

① 创建 VI,在程序框图上放置一个 DAQ 助手。

② 在 DAQ 助手对话框中选择电压模拟输入,选择仿真模拟设备 USB - 6009,选择0~3 物理通道,然后确认,出现图 8 - 21 所示界面。

图 8 - 21　DAQ 模拟输入配置

③ 在操作界面上选择"N 采样"采集模式,选择采样点数和采样率,打开"触发"

选项卡,选择内部触发模式,然后关闭 DAQ 助手任务配置对话框,程序框图上出现创建好的 DAQ 助手功能模块。

④ 为程序框图上的 DAQ 助手功能模块创建图形显示控件,VI 用户界面上出现图形显示器,运行 VI 并观察图形显示结果,如图 8-22 所示。图上有 4 条正弦波信号,对应的程序框图如图 8-23 所示。

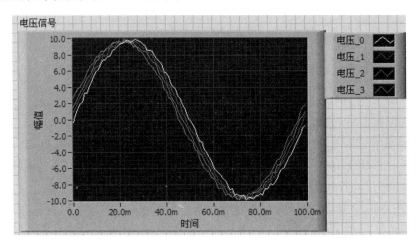

图 8-22　四通道仿真设备模拟信号采集用户界面

⑤ 保存 VI,命名为仿真设备模拟信号采集。

⑥ 在程序框图上用右键点击 DAQ 助手,选择生成 NI-DAQmx 代码,可以看到 DAQ 助手快速 VI 的代码。该代码自动生成 data 图形显示,删除原来的 Voltage Graph 图形显示和断线,程序框图变成图 8-24 所示。

⑦ 比较图 8-23 和图 8-24,可以看到 DAQ 助手的功能由 DAQmx 的配置选板、信号读取和任务清除三个功能函数分担。

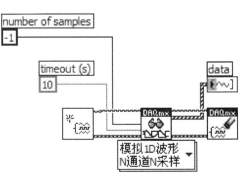

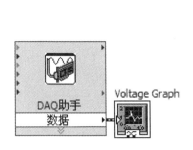

图 8-23　四通道仿真设备模拟
信号采集程序框图

图 8-24　四通道仿真设备模拟信号采集
程序 DAQ 助手转换代码

通过上例,我们可以看到每次调用 DAQ 助手时采集的数据点以及采样率。这样做是以缓冲方式实现信号采集的,可以避免使用 WHILE 循环。如果用物理 DAQ 采集,其配置和仿真配置过程一样。

8.2　仪器控制

当虚拟仪器和非虚拟仪器共同工作的时候,通常需要虚拟仪器软件控制非虚拟仪器。LabVIEW 软件中,仪器 I/O 选板(如图 8-25 所示)提供了虚拟仪器与非虚拟仪器通信的功能函数,提供了仪器助手,提供了常见数字多用表 34401 的仪器驱动,提供了串口和 GPIB 仪器的通信函数;除此之外,还有 VISA。VISA 是 NI 研发的一种驱动软件体系结构,其目的是

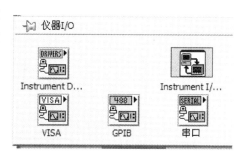

图 8-25　仪器 I/O 选板

统一仪器软件标准,目前已经发展为虚拟仪器公认的软件标准了。

8.2.1　串口通信

串口通信是一种常用的数据传输方法,它用于计算机与外设或者计算机与计算机之间的通信。串行通信中发送方通过一条通信线,一次一个字节,把数据传送到接收方。串行通信主要指 RS-232 推荐标准(Recommand Standard 232),是美国仪器协会为串行通信提出的建议标准,列为第 232 号推荐标准,除此之外还有 RS-485、RS-422、RS-423 等标准。

大多数台式计算机都有串行通信接口,称为 COM1、COM2,因此串行通信非常流行,许多 GPIB 仪器也都有串行接口。对于没有串口的笔记本计算机,可以购买 USB RS-232 适配器。串行通信的缺陷是一个串行接口只能与一个设备进行通信,一些外设需要用特定字符来结束传送给它们的数据串。常用的结束字符是回车符、换行符或者分号。在如图 8-26 所示的串口选板中,包含进行串行通信操作的一些功能模块。

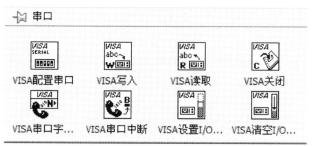

图 8-26　串口选板

　　在图 8-27 所示的实例中,实现从一台串行仪器中读取测量值。首先用 Serial Port Init 模块初始化串行接口,然后用 Serial Port Write 模块把命令参数发送给仪器,接着用 Bytes at Serial Port 模块查明在串行输入缓冲区中已经读入的字节个数,最后用 Serial Port Read 模块读取仪器数据。

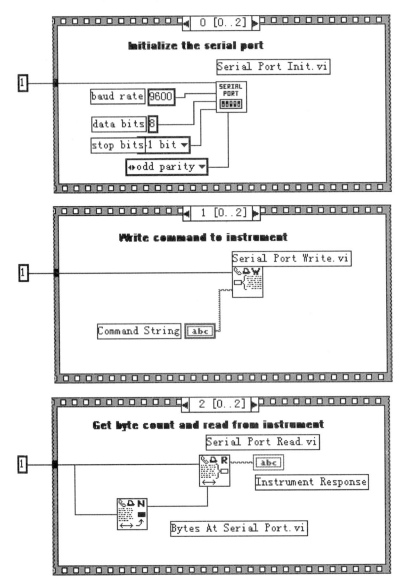

图 8-27　从仪器串口读取数据

8.2.2　IEEE 488(GPIB)概述

　　GPIB 是一个数字化的 24 线并行总线。它包括 8 根数据线,5 根控制线(ATN、

EOI、IFC、REN 和 SRQ），3 根据手线和 8 根地线。GPIB 使用 8 位并行、字节串行的异步通信方式。也就是说，所有字节都是通过总线顺序传送，传送速度由最慢部分决定。由于 GPIB 的数据单位是字节（8 位），数据一般以 ASCII 码字符串方式传送。

　　GPIB 程序库中包括 IEEE 488.2 应用程序和传统的 GPIB 应用程序。GPIB 488.2 应用程序中增加了 IEEE 488.2 兼容性，具有 IEEE 488.2 的功能。惠普公司在 20 世纪 60 年代末和 70 年代初开发了 GPIB 通用仪器控制接口总线标准。IEEE 国际组织在 1975 年对 GPIB 进行了标准化，由此 GPIB 变成了 IEEE 488 标准。术语 GPIB、HP－IB 和 IEEE 488 都是同义词。GPIB 的原始目的是对测试仪器进行计算机控制。然而，GPIB 的用途十分广泛，现在已广泛用于计算机与计算机之间的通信，以及对扫描仪和图像记录仪的控制。

　　通常 GPIB 包括一根连接线（EOI），用来传送数据完毕信号；也可以在数据串结束处放入一个特定结束符（EOS）。有些仪器用 EOS 方法代替 EOI 信号线方法，或者两种方法一起使用。还有一种方法，数据接收方计数已传送的数据字节，达到限定的字节数时停止读取数据。只要 EOI、EOS 和限定字节数的逻辑"或"值为真，数据传送停止。一般字节计数法作为缺省的传送结束方法，典型的字节数限定值等于或大于需要读取的数据值。

　　每个设备包括计算机接口卡都必须有一个 0～30 之间的 GPIB 地址。一般，GPIB 接口板设置为地址 0，仪器的 GPIB 地址从 1～30。GPIB 由计算机来控制总线，在总线上传送仪器命令和数据，控制寻址一个发送方，一个或者多个接收方，数据串在总线上从讲者向接收者传送。

　　LabVIEW 在仪器 I/O→GPIB 选板下有许多 GPIB 通信功能子程序模块，如图 8－28 所示。这些模块在工作平台上可以调用底层的 488.2 驱动软件，大多数的 GPIB 应用程序只需要从仪器读/写数据串。

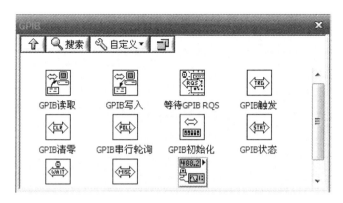

图 8－28　GPIB 选板函数

　　GPIB 写入模块把数据字符串（data string）中的数据写入地址字符串（address string）指定的设备中，如图 8－29 所示。模式指定如何结束 GPIB 写入过程，如果在超时毫秒(Timeout ms)指定的时间内操作未能完成,则放弃此次操作。错误输入(Error In)和错误输出(Error Out)字符串与出错处理程序配合使用,检测可能的出错情况。状态(Status)是 16 位的布尔逻辑数组,每个元素代表 GPIB 控制器的一种状态。图 8-29 所示为 GPIB 写入模块。

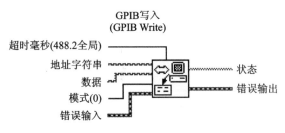

图 8-29　GPIB 写入模块

GPIB 读取模块从地址字符串(address string)指定地址的 GPIB 设备中读取由字节总数(byte count)指定的字节数,如图 8-30 所示。用户可以使用模式参数指定结束读取的条件,与字节总数一起使用。读取的数据由数据字符串(data string)返回。用户必须把读取的字符串转换成数值数据,才能进行数据处理和显示。

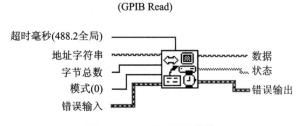

图 8-30　GPIB 读取模块

GPIB 读取模块遇到下列情况之一则中止读取数据:

① 程序已经读取了所要求的字节数。

② 程序检测到一个错误。

③ 程序操作超出时限。

④ 程序检测到结束信息(由 EOI 发出)。

⑤ 程序检测到结束字符 EOS。

图 8-31 和图 8-32 是 GPIB 读/写范例,通过该 VI 可读/写连接至 GPIB 总线的设备。在用户界面上可以输入设备的 GPIB 地址,有读取仪器、写入仪器和写入并读取三种操作方式可选,设定超时为 5 000 ms,读取字节数为 200。当前选择的操作状态是写入并读取,输入需写入的字符"＊IDN?",运行 VI,因为当前没有连接任何GPIB 设备,所以出现错误状态,没有读取到字符。本范例位于 examples\instr\smplgpib.llb\LabVIEW-GPIB.vi 中。

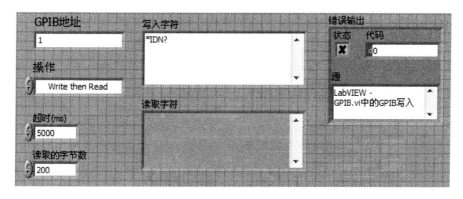

图 8-31　GPIB 的读/写用户界面

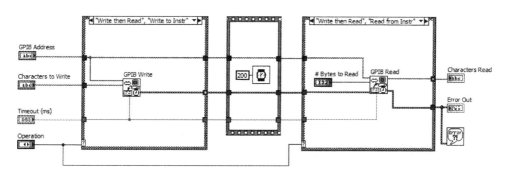

图 8-32　GPIB 的读/写程序框图

8.3　VISA 编程

　　VISA 是虚拟仪器软件结构体系(Virtual Instrument Software Architecture)的简称。VISA 是在 LabVIEW 工作平台上控制 VXI、GPIB、RS-232 等仪器的单接口程序库,由组成 VXI plug&play 系统联盟的 35 家最大的仪器仪表公司所统一采用的标准。采用了 VISA 标准,就可以不考虑时间及仪器 I/O 选择项,各种驱动软件可以相互相容使用。VISA 包含的功能模块在仪器 I/O 选板下的 VISA 选板中,见图 8-33。

　　VISA 功能模块包括 VISA 读取、VISA 写入、VISA 设备清零函数;高级 VISA 功能模块包括 VISA 打开、VISA 关闭、VISA 设置超时、VISA 属性节点等函数。大多数的 VISA 功能模块使用了 VISA 类,是每次程序操作过程的唯一逻辑标识符,标识了与之通信的设备名称以及进行 I/O 操作必需的配置信息,它由 VISA 打开模块产生,提供给 VISA 主功能模块使用。VISA 类有 Instr、GPIB Instr、Serial Instr、VISA/GPIB-VXI RBD Instr 等多种选择,缺省值是 Instr。

　　VISA 打开模块根据 VISA 类资源名称(resource name)与指定的设备建立通

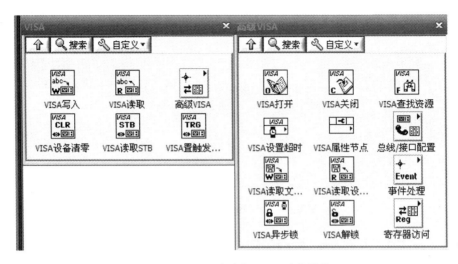

图 8 - 33　VISA 和高级 VISA 功能模块

信,模块返回 VISA 类标识值,使用该标识值就可以调用此设备的任何操作功能。VISA 资源名称包含 I/O 接口类型以及设备地址等信息。错误输入和错误输出字符串包含出错信息,如图 8 - 34 所示。

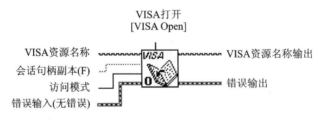

图 8 - 34　VISA 打开模块

在用户界面上右击"VISA 资源名称",单击"选择 VISA 类",选择指定 I/O 接口类型的设备,如图 8 - 35 所示。

GPIB 用于同 GPIB 设备建立通信,VXI 通过嵌入式或 MXI 总线控制器同 VXI 仪器建立通信,GPIB - VXI 用于 GPIB - VXI 控制器,SERIAL 用于异步串行设备通信。

图 8 - 36 范例位于 examples\instr\smplgpib.llb\GPIB - VISA.vi 中,可通过对返回数据使用 VISA 读取、写入和格式函数,与 GPIB 仪器进行通信,可用于 NI Instrument Simulator 或其他类似仪器。本范例需要在系统中安装 NI - 488.2 和 NI - VISA。

图 8 - 36 的程序框图编写顺序为:

① 打开仪器资源的 VISA 会话句柄,并设置超时。

② 在用户界面,将波形控件格式化为字符串,将结果添加至命令 SOUR：

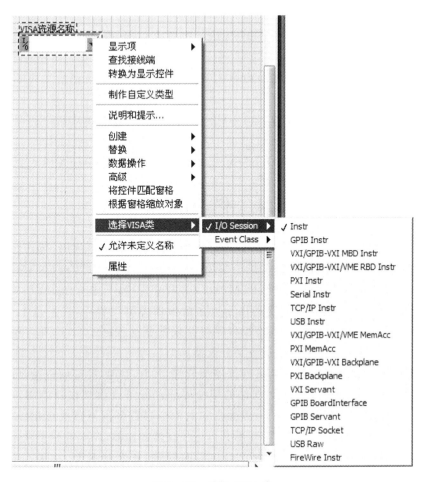

图 8 - 35　选择 VISA 类

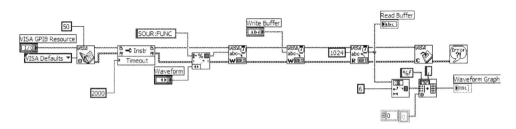

图 8 - 36　利用 VISA 读取 GPIB 仪器数据程序框图

FUNC,并将新命令写入 NI Instrument Simulator。

　　③ 从"写入缓冲区"控件中写入命令至 NI Instrument Simulator。默认情况下,读取从 NI Instrument Simulator 返回的数据。

　　④ 绘制 NI Instrument Simulator 返回的数据并关闭 VISA 会话句柄。

按照图 8-36 选择创建框图对象并连接线。图 8-36 中调用了以下模块：

① VISA 打开模块(在仪器 I/O→VISA 选板中)。此模块打开通信过程,并产生 VISA 进程参数。

② VISA 写入模块(在仪器 I/O→VISA 选板中)。此模块把数据串写入指定设备。

③ VISA 读取模块(在仪器 I/O→VISA 选板中)。此模块从指定设备中读入数据。

④ VISA 关闭模块(在仪器 I/O→VISA 选板中)。此模块关闭 VISA 进程参数。

8.4　仪器驱动

在虚拟仪器中,LabVIEW 可以把仪器驱动程序作为子程序调用,与其他子程序共同组成大的控制程序,从而控制整个系统。依次打开 LabVIEW→EXAMPLES→INSTR,仪器驱动程序模板在 INSTTMPL.LLB 程序库中,其中有许多 VISA 仪器驱动程序模板程序。这些模板程序适用于大多数仪器的驱动程序,并且是 LabVIEW 仪器驱动程序开发的基础。这些模板程序符合仪器驱动程序的标准,并且每个程序都有帮助指令,能够修改程序以适应某种仪器。

仪器的驱动软件是专门控制某种仪器的软件,LabVIEW 具有面板控制的概念,特别适合创建仪器的驱动程序。软件的用户界面部分可以模拟仪器的用户界面操作。软件的框图部分可以传送用户界面指定的命令参数到仪器以执行相应的操作。当建立了一个仪器的驱动程序后,就不必再记住仪器的控制命令,而只要从用户界面输入简单数据即可。仅仅拥有控制单台仪器的软件,意义并不大。LabVIEW 仪器驱动自带了 HP 34401A 驱动软件模块,如图 8-37 所示。如果有一只 HP 34401A 万用表,就可以运行该程序。

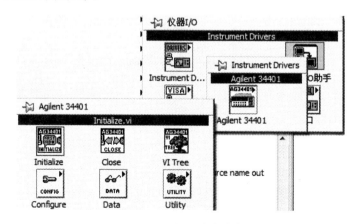

图 8-37　仪器驱动模块

　　LabVIEW 范例提供了 34401 测量范例,选择"帮助"→"查找范例"命令,可以发现多个范例。以 LabVIEW 2012\instr.lib\Agilent 34401\Examples\Agilent 34401 Read Single Measurement.vi 程序为例,该程序用户界面和程序框图如图 8 - 38 所示。该程序用户界面是对 34401 数字多用表进行配置,参数的选择根据 34401 技术文档说明获得,运行该程序可以读取仪器数据。本程序是采用底层的仪器驱动模块子程序编写的,这些底层子程序用到了前面介绍的 VISA 功能子模块。

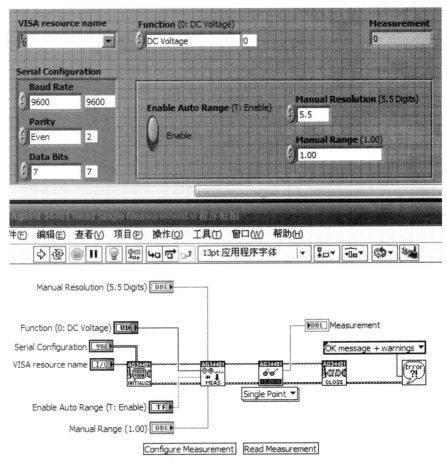

图 8 - 38　AGILENT 34401 驱动配置和单次测量范例

8.5　声卡虚拟仪器

　　从仪器角度看,个人计算机和声卡可构成信号采集仪器,具有音频范围内的信号接收、转换、处理和表达能力。个人计算机在高校早已普及,把学生个人计算机仪器化,将大大提高计算机的利用率,有利于相关专业学生自学。

声卡是个人计算机不可缺少的部分,本身是一个数据采集卡,主要用于采集音频信号。其数字信号处理器(DSP)包括模/数转换器(ADC)和数/模转换器(DAC)。ADC 采集外界输入的音频信号,DAC 则将数字信号通过声卡输出。直接利用个人计算机声卡或购买 USB 声卡均可实现音频范围内的虚拟仪器,但其接收电压范围有限,在±1 V 以内,测量大于此范围的信号容易造成声卡或计算机损坏。为安全起见,可自行设计或购买信号衰减器件,并将系统组成描述为:被测对象+信号衰减器件+USB 外置声卡+个人计算机。

学生练习时,利用个人计算机和外置声卡可进行工程测试系统的扩展设计,由于学校测试技术实验室提供了各种单立的传感器和信号调理转换板,只要对信号接口进行适当的转换,就可组成功能各异的虚拟仪器。如果集中在一个程序里体现,就能构成基于个人计算机的多功能虚拟仪器。如利用应变片和转换电路,可设计成电子秤虚拟仪器;利用互感变压器式传感器,可设计虚拟位移计;利用电涡流传感器,可设计转速计等。

LabVIEW 自带声音采集设备功能模块函数,可打开编程→图形与声音→声音→输入命令找到,如图 8 - 39 所示。

声音采集设备数据可以有两种方式:

① 声音采集快速 VI;

② 由配置声音输入、启动声音输入、读取声音输入、声音输入清零几个功能函数共同完成。

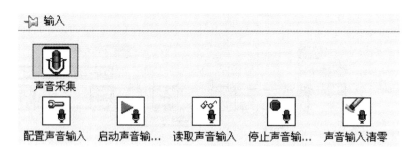

图 8 - 39　声音采集设备功能函数

图 8 - 40 是声音采集快速 VI 参数配置界面。显示当前采集设备是本机声卡 IDT Audio,最高采样频率为 44 100 Hz,双通道,16 位分辨率;当前采样频率选择了 22 050 Hz,采样时间为 1 s,启动采样预览,获得如图 8 - 40 所示信号图形,该图形为当前环境下的声音信号。

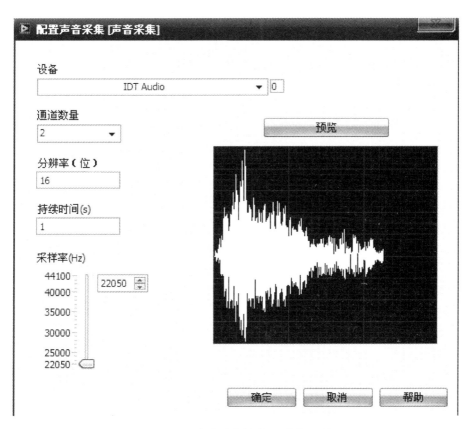

图 8 - 40　声音采集快速 VI 参数配置

第9章 仪器界面与 I/O

虚拟仪器编程是基于 Windows 系统的图形编程,可以遵循微软定义的界面规范,也可以遵循 NI 为 LabVIEW 定义的程序界面开发规范(LabVIEW Development Guidelines:LabVIEW Style Guide)。LabVIEW 程序界面开发规范规定了面板颜色、文字字体、文字字号、控件排列等。测控仪器是用于各个行业的,虚拟仪器的开发还需要遵循不同行业的最新规范,以及仪器开发公司的内部规定。

对于测试测量工程师而言,完成虚拟仪器编程并不是简单地编写代码,需要尽量地完善应用程序,使之无论从界面上、功能上,还是底层代码上都充满着"美感"。测试测量应用程序在运行时会涉及到对 UUT、测试仪器等各种硬件之间的相互通信,因此其错误处理、逻辑控制等似乎更加充满变数而不可控,这更加需要程序员关注细节,完善用户体验,确保应用程序的运行。如对 Numeric 值需要设置范围、显示精度、显示方式等,避免用户的误操作。在程序的使用过程中,如果发生了错误而导致程序崩溃或假死,有些程序员会埋怨用户,为什么乱点呢? 为什么不按要求有顺序地点击按钮? 在数据采集过程中,为什么还要单击这个控件呢? 任何情况下,始终是设计者的错误,而与用户无关。设计者在程序设计和撰写阶段就应该在程序中加入相应的防误操作机制,而不应该将错误归结为用户的不当使用。

用户界面设计的三大原则是:置界面于用户的控制之下;减少用户的记忆负担;保持界面的一致性。用户界面设计在工作流程上分为结构设计、交互设计、视觉设计三个部分。

结构设计(Structure Design)也叫概念设计(Conceptual Design),是界面设计的骨架。通过对用户研究和任务分析,制定出产品的整体架构。基于纸质的低保真原型(Paper Prototype)可提供用户测试并进行完善。在结构设计中,目录体系的逻辑分类和语词定义是用户易于理解和操作的重要前提。

交互设计(Interactive Design)的目的是使产品让用户能简单使用,产品功能的实现都是通过人机交互来完成的,人的因素应作为设计的核心被体现出来。交互设计的原则如下:

① 有清楚的错误提示。误操作后,系统提供有针对性的提示。

② 让用户控制界面。面对不同层次提供多种选择,给不同层次的用户提供多种可能性。

③ 允许兼用鼠标和键盘。同一种功能,既可以用鼠标也可以用键盘,提供了多种可能性。

④ 允许工作中断。例如,用手机写新短信的时候,收到短信或电话,完成后,仍

然能够找到刚才正写的新短信。

⑤ 使用用户的语言,而非技术的语言。

⑥ 提供快速反馈。给用户心理上的暗示,避免用户焦急。

⑦ 方便退出。例如手机界面的退出,是按一个键完全退出,还是一层一层地退出,提供了两种可能性。

⑧ 导航功能。随时转移功能,很容易从一个功能跳到另外一个功能。

视觉设计(visual design)在结构设计的基础上,参照目标群体的心理模型和任务达成进行视觉设计,包括色彩、字体、页面等。视觉设计要达到用户愉悦使用的目的。

视觉设计的原则如下:

① 界面清晰明了。允许用户定制界面。

② 减少短期记忆的负担。让计算机帮助记忆,例如,User Name、Password、IE进入界面地址可以让机器记住。

③ 依赖认知而非记忆。例如,打印图标的记忆、下拉菜单列表中的选择。

④ 提供视觉线索。图形符号的视觉的刺激、GUI(图形界面设计)。

⑤ 提供默认(default)、撤销(undo)、恢复(redo)的功能,提供界面的快捷方式。

⑥ 尽量使用真实世界的比喻。如电话、打印机的图标设计,尊重用户以往的使用经验。

⑦ 完善视觉的清晰度。条理清晰,图片、文字的布局和隐喻不要让用户去猜。

⑧ 界面的协调一致。如手机界面按钮排放,左键肯定,右键否定,或按内容摆放。

⑨ 图形选择,同样功能用同样的图形。

⑩ 色彩与内容。整体软件不超过 5 个色系,尽量少用红色、绿色。近似的颜色表示近似的意思。

9.1 控件的分类和排列

在 LabVIEW 中,控件通常被笼统地分为控制型控件(Control)和显示型控件(Indicator)。而对某一个具体的应用而言,更需要把 Control 和 Indicator 进行细分,使得具有同样功能的控件排放在一起,甚至组成若干个 Group 组。控件排列和分布工具在前面板和程序框图的工具栏都有,如图 9-1 所示。⊞ 是对齐对象工具;⊞ 是分布对象工具;⊞ 是重新排序工具,可以进行多个对象的排列,也可以将多个对象打包排列,需要解包时使用解锁工具即可。这 3 个工具在前面板和程序框图上都有。⊞ 是调整对象大小的工具,只有前面板有,可以根据程序功能调整按钮和显示器的大小;程序框图工具栏上有 ⊞ 图标,是整理程序框图工具,用来整理程序框图使之功能分区明确,易读易理解。

在实际应用中,需要首先将 Control 和 Indicator 分开摆放,然后在 Control 和 Indicator 内部对控件按照功能进行分类。不同的类别之间以显著的标志进行区分,

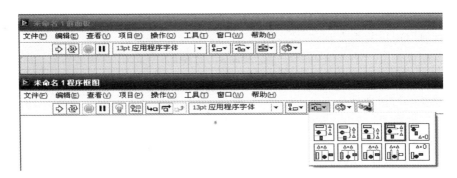

图 9 - 1　控件排列和分布工具

最后要合理安排控件的位置和分布,确保整个界面匀称和整洁。

9.2　颜色的使用

颜色在程序中的应用有多种功能,除了能够确保界面的丰富和完善之外,还能够重点区分不同控件的功能,强调某些控件的作用和位置,如图 9 - 2 所示。

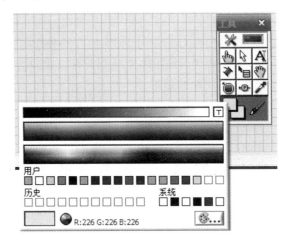

图 9 - 2　取色和色彩设置工具

取色工具是获取 LabVIEW 开发环境中某个点的颜色值(包括前景色和背景色),并将获取的颜色设置为当前的颜色。着色工具是将当前的颜色值(包括前景色和背景色)设置到某个控件上。在使用着色工具时,按住 Ctrl 键可以将工具暂时切换成取色工具,释放 Ctrl 键后将返回着色工具。在使用着色工具时,使用空格键可以快速地在前景色和背景色之间切换。

在着色工具中,右上角的"T"表示透明色,单击该图标可以设定当前的颜色为透明色。LabVIEW 还提供了一系列预定义的标准颜色供程序员选择,其中 System 的第一个颜色是 Windows 的标准界面颜色。

9.3　界面风格

在 LabVIEW 中有 3 种不同界面风格外观的控件可供选择,分别是 Modern、System 和 Classic。其中 Modern 控件是 NI 专门为 LabVIEW 设计的具有 3D 效果的控件,它能够确保在不同的操作系统下显示始终是一样的;而 System 是采用系统控件,它的外观与操作系统有关,不同的操作系统下控件的显示外观有所不同。大多数的程序员似乎更愿意选择 System 控件,理由是它可以让程序看起来不那么 LabVIEW 化。但是 LabVIEW 并不允许程序员任意自定义 System 控件的外观,这同时也限制了 System 控件的使用。

9.4　图片和装饰

程序中必要的图片不仅能够给用户直观的视觉感受,还能够描述程序的作用。插入图片最简单的方式是将准备好的图片直接拖入到 VI 的前面板中,或者使用 Ctrl ＋C/V 复制/粘贴到前面板中,还可以使用 Picture 控件将图片动态地载入到 Picture 控件中。

LabVIEW 提供了一种自定义程序背景图的方式,即新建一个 VI。在 VI 的垂直滚动条或水平滚动条上右击,将弹出快捷菜单,选择属性选项,将弹出"窗格属性"对话框,打开"背景"选项卡,选择背景图案,则前面板背景变成选择的背景图案;图案方式可以选择拉伸、平铺、居中三种之一。图 9 - 3 的前面板设置了橡树背景、平铺,

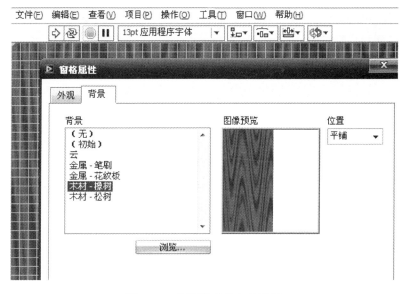

图 9 - 3　前面板背景色的配置

还可以用云和松树等图片做背景,也可以使用"浏览"按钮导入外部自定义的图片。

如果需要导入不规则的图片,可以将图片的部分背景色设置为透明并保存为 png 格式。操作 Controls→Modern→Decorations 和操作 Controls→System 命令,都有一些装饰用的控件,程序员可以使用这些装饰控件为应用程序增色。

9.5　界面分割和自定义窗口大小

控件的显示效果与监视器是密切相关的,因此在程序设计时需要考虑目标监视器的颜色、分辨率等因素。除此之外,还需明确运行该应用程序所需要的最低硬件要求。在很多的论坛中经常会看到这样的问题:如何才能确保应用程序的界面在更高的分辨率上运行时不会变形? 这实际上是一个界面设计问题,如何解决它却是应该从程序设计时就开始,而不是等到程序设计完成后再探讨解决方案,因为解决它需要比较良好的界面设计、布局和分配作为前提。

事实上,程序往往会规定一个最低的运行分辨率,高于此分辨率的显示器上程序界面应该能够被正确地显示出来。而在 LabVIEW 中,控件往往在高分辨率的显示器上被拉大或者留有部分的空白,这使得整个界面完全扭曲了程序员最初的设计。

LabVIEW 允许程序员将前面板划分为若干个独立的窗格。打开控件→新式→容器,容器选板中的水平分隔栏和垂直分隔栏可以将 VI 的前面板进行任意划分。如图 9-4 所示,前面板被分割为 4 个窗格,可以给每个窗格设置背景色,每个窗格都包含其特有的属性和滚动条,而窗格之间使用 Splitter 进行分隔。在 Splitter 上右击可以设置 Splitter 的相关属性。Locked 可以锁定 Splitter,被锁定的 Splitter,位置将无法被移动。与控件类似,LabVIEW 提供了 3 种 Splitter 样式:Modern、System 和 Classic。程序员可以使用着色工具设置 Modern Splitter 和 Classic Splitter 的颜色,使用手型工具调整 Splitter 的位置,使用选择工具调整 Splitter 的大小。

现在再看前面提到的分辨率问题,当程序从低分辨率界面向高分辨率界面转移时,可以有如下解决方案:

① 界面上的控件变大;

② 界面控件的位置重新分布,以平衡空白位;

③ 界面控件的相对位置不动,留出适当的空白位。

在实际操作中,上述的 3 种方式似乎很难实现以满足界面大小变化带来的自适应问题。打开一些标准的 Windows 界面程序,可以看出程序中往往结合使用上面的 3 种方式。部分的控件位置和大小不变,留出适当的空白位给其他的控件,如 Listbox、Graph、Tree 等。因此这类控件显示的信息较多,并且外观单一,改变它们的大小对整个界面的布局不会产生影响。在程序开始设计的初级阶段就有必要设计界面的大致控件布局和分布,以明确界面在不同分辨率下的调整方式。如果界面控件过多,则可以通过其他的方式进行规避(比如对话框等),确保界面的大小调整不会

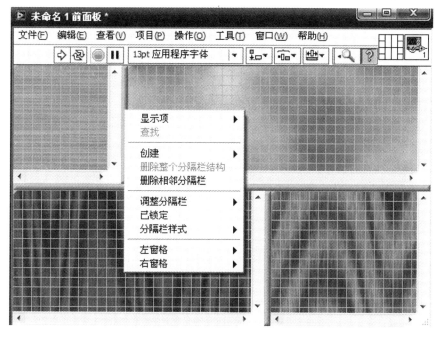

图 9 - 4　前面板被划分的窗格

影响到控件布局的变化。

　　下面以一个标准的 Windows 测试界面为例说明界面设计的方式和步骤。

　　首先,根据程序的功能划分 VI 的前面板,并决定将其分为多少个窗格。如图 9 - 5 所示,将界面分为了 8 个窗格,依次为工具栏、帮助栏、测试信息栏、波形采集栏、状态栏(登录信息栏、说明栏、测试内容栏和测试工具栏)。

　　其次,在状态栏的 4 个区域中分别加入一个 String 型 Indicator,并且勾选 Indicator 的右键快捷菜单选项 Fit Control to Pane。也就是说,当窗格变化的时候 String 的大小也随之发生改变,以确保 String 控件能够填充整个窗格。

　　事实上,当窗口(或者窗格)大小发生变化时往往不希望状态栏的高度发生改变,而只需要改变其中某一个窗格的长度就可以了。单击还原按钮,使窗口回到原来的状态。在底部的蓝色 Splitter 上右击,选择快捷菜单中的 Splitter Stick Bottom 选项。该选项表示在 Splitter 变化时始终保持底部的相对位置不变。

　　如果希望在 VI 窗口改变时修改第二个子状态栏的宽度,而其他的子状态栏宽度保持不变,应该如何设置呢? 单击还原按钮,使窗口回到初始状态。右击图 9 - 4 中左下窗格的 Splitter,勾选 Splitter Sticks Right 选项,此时再次改变窗口的大小将会改变第二个子状态栏的宽度。

　　LabVIEW 运行对每一个窗格设置不同的背景色,确保窗格的独立性。在界面上放置不同的控件以丰富界面显示效果,勾选 Tab 控件和 Graph 控件的右键快捷属

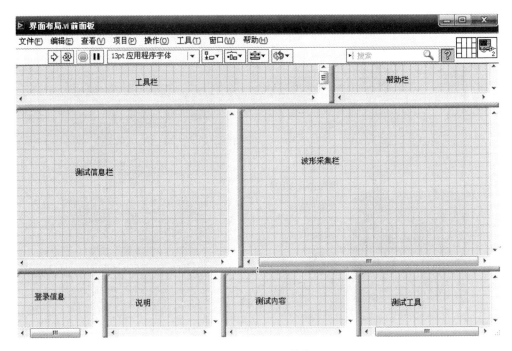

图 9-5　程序界面的布局

性 Fit Control to Pane。因为 Graph 控件大小的改变对整个界面的布局没有影响，因此将界面的 Splitter 属性设置为当窗格变化时修改 Graph 的大小就可以了。

　　如前所述，对任一个程序而言，都有一个最低的分辨率要求，同时也存在着一个最小的界面要求，确保在最小的界面上能够将所有控件完整地显示出来。调整整个 VI 前面板窗口的大小，确保所有的控件完整显示。按下 Ctrl＋I 组合键打开 VI Properties 属性面板，选择 Windows Size 页，单击 Set to Current Panel Size，然后再单击 OK 按钮。再次改变 VI 的前面板大小，可以看出整个界面的布局并不受窗格大小的影响，能够正常显示。因此，界面的分辨率自适应问题的解决并不是一蹴而就的，而是在程序界面设计阶段就加以考虑和布局的。

　　① 在程序可接受的最低分辨率的显示器上开发；

　　② 划分窗格的区域，并且明确各个区域的功能；

　　③ 尽量至少选择一种大小可伸缩的控件（ListBox、Tab、Multicolumn Listbox、Table、Tree、Chart、Graph、Picture、Sub Panel 等）；

　　④ 尽可能地使用 Splitter 划分不同的区域，对部分 Splitter 而言可以将其背景色设置为与窗格的背景色一致，以隐藏 Splitter；

　　⑤ 设置 Splitter 的属性，明确 Splitter 的变化方式；

　　⑥ 设置窗格的属性（颜色，是否显示滚动条等）；

　　⑦ 设置窗格的最小显示大小；

⑧ 结合 Type Def.和 Strict Type Def.控件,完善控件的摆放和显示效果;

⑨ 将 Splitter 的 Lock 属性设置为 True。

9.6　程序中字体的使用

LabVIEW 会自动调用系统中已经安装的字体,因此不同的计算机上运行的 LabVIEW 程序会因为安装的字体库不同而不同。图 9 - 6 列出了 LabVIEW 可以选择的部分字体大小和样式(如颜色、加粗、斜体等)。

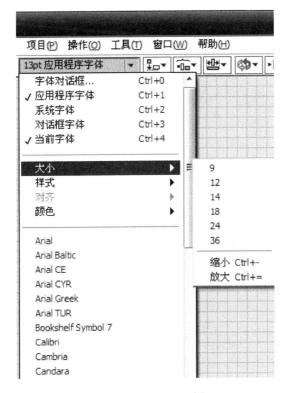

图 9 - 6　字体和大小选择

为了避免不同的操作系统给字体显示带来的影响,LabVIEW 提供了应用程序字体(Application Font)、系统字体(System Font)和对话框字体(Dialog Font)三种预定义的字体。它们并不表示某一种确定的字体,对不同的操作系统所表示的含义不同,这样可以避免某一种字体缺失导致的应用程序界面无法正确显示。

在默认下,LabVIEW 会自动设置界面的字体为 Application Font、System Font 和 Dialog Font,因为这可以避免应用程序移植导致的字体缺失。但是同时也会带来分辨率的问题,因为不同的系统所表示的字体样式和大小都不相同,因此不同分辨率的监视器显示界面的字体时会发生"变形"。

为了解决这二者的矛盾以及带来的显示问题，可以将目标计算机上的 Application Font、System Font 和 Dialog Font 字体与开发计算机上的字体保持一致。

① 尽量使用通用的字体显示。如中文使用宋体，英文使用 Tahoma，字号使用 13 号。

② 确保目标计算机上的 LabVIEW Runtime 将 Application Font、System Font 和 Dialog Font 字体与开发计算机上的字体所代表的含义保持一致。

第①点需要在程序设计时注意，而第②点可以通过程序自动指定。如前所述，LabVIEW 允许手动指定预定义字体的实际含义，这些设置被保存在 LabVIEW 安装目录下 LabVIEW.ini 文件中。

第 10 章 实用工具软件包

10.1 应用程序生成器

应用程序生成器(Application Builder)是用于创建可以单独运行的 LabVIEW 应用程序,当用应用程序生成器创建了可单独运行的应用程序后,就可以运行该程序了,但不能编辑它。把你的 VI 程序转换成可单独运行的程序,就可保证他人不能查阅或修改这个程序。这样可以防止操作人员不小心修改了程序,也是将 VI 程序打包并派发的一个有效方法。

应用程序生成器提供了两种运行模型供选择,可以创建一个运行引擎(run-time engine),用来运行任何的 VI 程序;或者把运行引擎与一些指定的 VI 程序结合起来,创建一个可自运行的应用程序。

10.2 自动检测工具箱

自动检测工具箱(Automated Test Toolkit for LabVIEW)将最强大的测试开发和管理工具融合在一起,可以满足建立大规模生产检测系统,或高复杂度自动确认系统时的各种需要。

自动检测工具箱包含下列程序包:

① TestStand 即时可用的测试执行工具包:用于组织、控制和执行你的自动化框架,确认或生产检测系统。使用 TestStand,你可以生成自己的操作界面,生成测试报告,以及按照要求顺序地执行测试过程。

② IVI 驱动程序库:在这个库中,集中了许多高性能的仪器驱动程序,便于建立先进的测试系统。

10.3 企业连通工具箱

企业连通工具箱(Enterprise Connectivity Toolkit)用于跟踪企业在生产、测试以及产品服务方面的研究或开发的进展。

企业连通工具箱包含下列程序包:

① SQL 工具包:用于对多种使用 SQL 的当地或远程数据库的直接访问。这些程序使用高级语言编程的方法把通用数据库操作变成简单易用的操作。使用 SQL

工具包,你可以用 30 多种数据库格式存储、读取或者更新数据记录。有经验的数据库用户可以在 LabVIEW 的工作环境下使用完整的 SQL 语句。也可以把自己的测试程序直接连接到一个数据库,以存储实验结果或者下载测试参数。

② SPC 工具包:LabVIEW 不仅可以监控过程,而且还可以识别测试参数实质性地改善过程处理的质量。SPC 工具箱是过程控制中统计方法应用程序库。使用此工具包,可以分析并跟踪过程处理程序。该工具包除了 SPC 计算子程序,还包括许多应用实例。该工具包中包括所有 SPC 功能子程序,共有三类:控制图表、过程统计和 pareto 分析方法。每一类程序都包括分析计算方法和显示绘图功能。

10.4　Internet 工具箱

Internet 开发工具用于把 VI 程序转换成可在 Internet 上执行的应用程序。使用 LabVIEW 再配合该工具,就可以生成在任何 web 浏览器上均可以查阅到的你自己的虚拟仪器用户界面的 http 服务器。采用用户查询或者服务器自动更新的工作方式,用户界面所表示的虚拟仪器会自动更新内容。由于程序内装了网络服务功能,虚拟仪器程序可以对连接到它的多个客户要求做出响应,为每个用户连续地更新显示。如果已经运行了网络服务程序,你可以采用工具箱内的库函数把虚拟仪器程序转换成图像文件,在 html 网页显示。你还可以在网络化程序内加入访问密码等级,以限制其他用户对虚拟仪器面板和数据的访问级别。

此外,该工具箱还包括用 G 图形编程方法建立通用网关接口程序。这样就可以根据用户在网页上的输入,动态地决定连接方式。该工具箱还包含一些库函数,用于在虚拟表程序内加入 E-mail 电子邮件和 ftp 文件传送。

10.5　PID 工具箱

PID 控件功能工具箱给 LabVIEW 程序加入了复杂的控制算法。使用该软件包,可以快速建立数据采集与控制系统。将 PID 控件工具箱与 LabVIEW 的算术与逻辑功能相结合,可以快速生成自动控制程序。

PID 程序包带有许多误差反馈及外部复位的 PID 算法。程序同时含有超前-滞后补偿和设置点斜率生成。控制参数包括多重循环、前馈、最小/最大偏差和斜率/偏差。PID 算法参数包括无缓冲自动/手动传送、正向/反向运行、手动输出调节和运行/暂停开关。

使用 PID 控件工具箱,用户可以设计 PID 算法的控制策略,可以将输入/输出数据的单位从工程单位转换成百分比,可以设置 PID 算法的时间;最后,还可以针对闭环(最终增益)和开环(步进测试)方式调节过程参数。

10.6　Picture Control 工具箱

该工具箱是一个多功能的图形软件包,用于生成用户界面显示。该工具箱在 LabVIEW 系统内加入图形控制和相应的程序库。用户可以应用这些程序建立一些框图程序,以动态地建立图像。使用这些工具软件,用户可以在用户界面中加入一些新的图形显示。比如特殊的棒形图、饼形图表和 Smith 图表。用户甚至可以加入一些动画功能,如机器手、测试仪器、UUT,或者二维实体显示等。在 LabVIEW 5.1 版的完全开发版本中已经包括了这个工具箱。

10.7　分析工具软件

HIQ 是一个交互式的工具环境,可以对数学、科学计算和工具问题的数据进行组织,可视化处理和组成数据文件。使用 HIQ,可以建立交互式 ActiveMath™ 应用程序和数据可视化应用程序。HIQ 集成了数学运算用户接口控制、数值分析、矩阵运算,以及在易于使用的交互式笔记本计算机方式工具环境下的二维、三维和四维图形处理;在有些工作环境下,问题和解答都以数学描述语言表达。

HIQ 有两类不同的方法用于数值分析和数据可视化处理。一种是交互式方法,另一种是编程方式。交互式方法可以处理常微分方程、数值积分、非线性方程等。交互式工具软件包括 Data Editor,二维或三维的 Graph Editor 和 Problem Solvers。用户可以用 Problem Solver Notebooks 交互式地处理问题。首先,在 Problem Solver Noteboods 的 GUI(图形用户接口)下输入功能函数和相关参数;然后,就可以在不需编程的情况下运行该函数,获得解答。该工作环境使用在 Data Editor 中定义的矢量和矩阵数据。此外,该工作环境也可以产生二维或三维图形并可以生成 HIQ 描述性语言程序。如果你需要解决一个特定应用总是或者有较多关联的问题,则可以采用 HIQ 描述性脚本编程语言。采用编程方法,可以连接数据、图形、文本、Problem Solver Noteboods 生成的描述性脚本语言程序,以及 600 多个分析和数据可视化功能函数。

使用 LabVIEW 和 HIQ,你可以先假设并建立数学模型,再建立控制循环程序采集实验数据并观察处理过程,然后再进行交互式的数据可视化处理并生成实验报告。LabVIEW 和 HIQ 可以共享上述数据结果,它们集成了科学处理和工程处理的必需工具。

10.8　信号处理套件

信号处理套件(Signal Processing Suite)提供了用户信号处理功能和高级数字信号处理工具。

信号处理套件包含下列程序包：

① 数字滤波器设计工具箱（Digital Filter Design Toolkit）：用于交互式设计数字滤波器。该工具箱的图形用户接口（GUI）是用于有限脉冲响应（FIR）和无限脉冲响应（IIR）滤波器的通用设计工具。滤波器的输出包括滤波器系数、传递函数、脉冲和阶跃响应。

② 三分之一倍频程分析工具箱（Third-Octave Analysis Toolkit）：用于三分之一倍频程分析。该工具箱提供了一个 GUI 用于三分之一倍频程分析和数据采集，并且遵守 ANSI S1.11—1986 标准。有了这个工具箱，就可以快速简单地测量声音、振动和噪声信号；可以设置成 1~4 个输入通道，并且带有可编程的窗处理、权重和平均功能。

③ 联合时频分析工具箱（Joint Time Frequency Analysis （JTFA） Toolkit）：用于分析时变信号。该工具箱增强了计算机处理时变信号的能力。它包括 Gabor 频谱图、针对时变频率的 JTFA 算法，以及其他常用算法，如 Wigner – Ville 和 Choi – Williams 算法等。

④ 动态信号分析仪（VirtualBench – DSA）：这是一个动态信号分析程序。该软件与 AT/EISA 或者 NuBUS 总线动态信号采集卡相结合，可以构成高质量、低成本的虚拟仪器系统。该软件有一个易于使用的 GUI，设置测量参数可以测出功率谱、幅度谱、相关性、暂态捕捉、交叉谱和总谐波失真。此外，通过使用 DAQ 卡上的模拟输出功能，还可以进行网络和频率响应测量，也可以把该软件用作低频示波器，同时在时域和频域观察信号。总之，VirtualBench – DSA 是一个理想的低频信号测量与频谱分析工具，非常适合于声音信号、机械振动和噪音的分析。

⑤ G Math 工具箱：是一个用于算术运算、数据分析和数据可视化的多用途软件包。该工具箱具有用图形编程方法来解决高级数学计算的功能。G Math 工具箱包括 100 多个高级算术功能程序。例如常微分方程，求解根值、最优化、积分、微分、变换和函数等。该工具箱可以应用于许多场合，如过程控制模拟、生产制造与成本最优化，以及机械系统的模拟。

⑥ 图像处理工具箱（Image Processing）：提供图像处理功能和机器视学功能，包括 400 多个图像函数和交互式的图像处理窗口。图像可以是一维、二维或者三维。该软件与 NI 公司的 IMAQ 图像采集硬件和 DAQ 硬件卡一起使用。它们结合起来，可以给工厂计算机控制的机器提供视觉，对产品的位置、尺寸、标识符和质量做出精确判断。此外，由于该软件的柔软灵活性和可扩展性，它还可以应用于许多研究领域，从图像算法的开发到实验室自动化。该软件有两种形式：基本版和提高版。基本版具有图像的控制和处理功能，包含图像采集、显示、文件管理、区域选择及图像控制所必需的工具。提高版包含 400 多种高级图像处理功能，可进行高级图像处理、机器视觉化和分析图像。图像数据可进行编辑或转换，在进行物体形状检测时可以采用二进制算法、灰度等级、密度测量、边缘检测、立体开头检测、频率滤波，以及高级的形状处理函数。

第 11 章　常用测试仪器的虚拟仪器设计

现代测试技术是机械类、电器类、材料研究、空间探测等多学科科学研究和工程实践的重要手段。学生在研究专业领域问题时，其设计效果和成品往往需要实测结果的验证，这就需要学生掌握传感器与测试系统、测试方法、测试标准、测试信号处理等测试技术基础知识，正确分析被测研究对象的信号特征，选择合适的测试方法和设备，设计、组建合适的测试系统，对研究对象进行信号采集、分析、处理及解释，使研究对象的信息得以提取，作为研究对象的设计参数，或者进一步设计的重要依据。

本章通过多功能示波器、函数信号发生器、动态信号分析仪、扫频仪、频谱分析仪等常用电测仪表的虚拟仪器设计例程演示了信号的时域分析、频域分析及信号处理，使学生通过这些练习学习测试信号的基本特性，认识常用测试仪器。通过基于声卡的虚拟仪器设计，训练常用仪器的使用，结合现代测试基础课程的学习，掌握信号的时域、频域分析，学习相关分析、滤波分析的概念和实际波形的处理，从而更好地理解各种工程信号。例如，通过信号发生器和示波器的练习，认识各种典型信号，如谐波、方波、三角波、任意波及各种噪声信号等，建立各种波形数学表达和物理实现之间的关系。

11.1　多功能函数信号发生器的设计

多功能函数信号发生器通常集标准信号发生器、任意波信号发生器和噪声信号发生器于一体。标准信号通常指正弦波、方波、三角波、锯齿波和直流信号；噪声信号有均匀白噪声、高斯白噪声、周期性随机噪声、伽马噪声、泊松噪声、二项分布噪声等。🔲可以实现标准信号和各种噪声信号的生成，如图 11-1 所示，选择生成带有均匀白噪声的方波信号，采样率和信号频率的配置满足采样定理，生成的信号在面板右侧可以预览。

任意波信号的配置同样有快速 VI 可以实现，🔲快速 VI 可以实现任意信号的快速配置，可以直接输入信号的数据点，也可以调用编辑好的数据，生成任意波信号，如图 11-2 所示。界面左侧输入信号数据点，右侧显示信号的预览。

除了快速 VI 生成各种信号之外，信号处理选板下的波形生成和信号生成都可以生成各种信号；可以单信号生成，也可以选用复合信号发生器，还可以用公式信号发生器🔲生成。信号的合成可以直接使用加法，也可以采用公式生成器中的叠加。

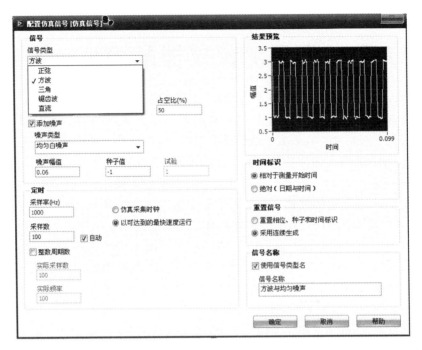

图 11 - 1　仿真信号的配置

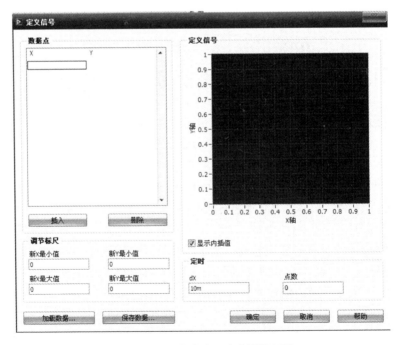

图 11 - 2　任意波信号发生器的配置

在教学中,可以利用上述函数进行波形合成实验设计,如设计多谐复合周期信号,合成准周期信号等。图 11-3 演示了利用公式信号发生器合成准周期信号的用户界面。从图 11-3 可以看出,信号 1 为周期信号,频率为 10,幅值为 1;信号 2 也是周期信号,频率为 $\sqrt{2}\omega$,幅值为 2;信号 3 为信号 1 和信号 2 的合成。从图 11-3 中可以看出,信号 3 的波形很明显不是周期信号,是典型的非周期信号。图 11-4 是合成准周期信号的程序框图。

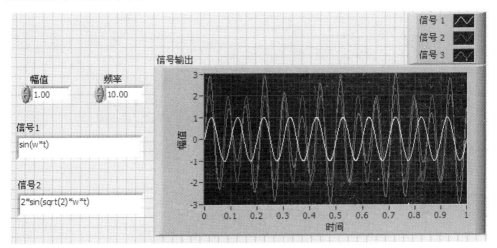

图 11-3　合成准周期信号的用户界面

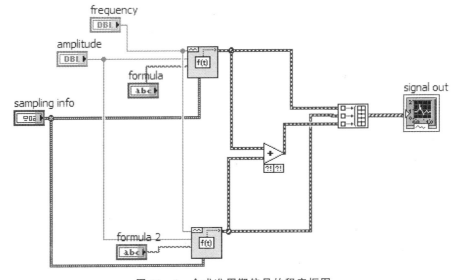

图 11-4　合成准周期信号的程序框图

图 11-5 所示为带调频的函数信号发生器的用户界面,该范例位于 examples\analysis\sigxmpl.llb\Function Generator with FM.vi 中。

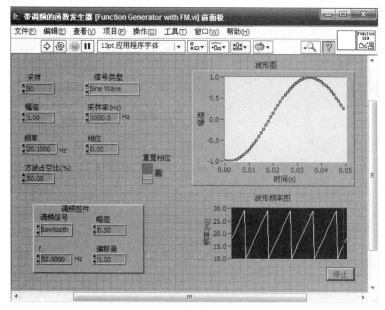

图 11 - 5　带调频的函数信号发生器的用户界面

11.2　多功能示波器的设计

　　示波器是用途非常广泛的电子测量仪器,利用示波器能观察各种不同信号幅度随时间变化的波形曲线,还可以用它测试各种不同的电量,如电压、电流、频率、相位差、调幅度等。本节介绍通用示波器的虚拟仪器设计。图 11 - 6 所示为双通道多功

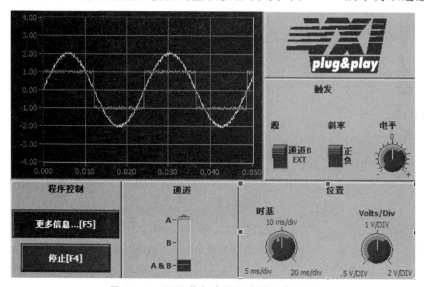

图 11 - 6　双通道多功能示波器用户界面

能示波器的用户界面,和常用传统示波器的用户界面相似,具有图形显示功能、比例尺调节功能、通道选择功能、触发极性选择功能。其程序框图如图 11 - 7 所示,可以参照虚拟示波器例程,范例位于 examples\apps\demos.llb\Two Channel Oscilloscope.vi 中。

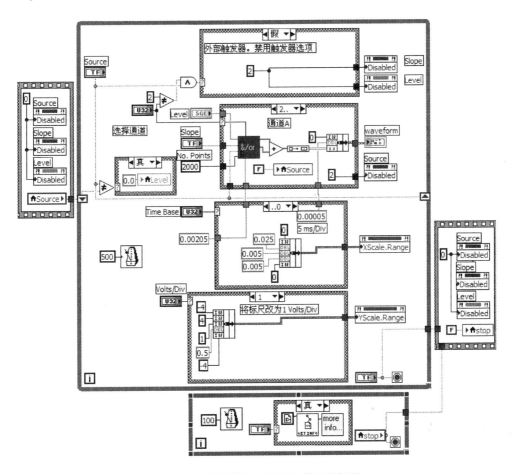

图 11 - 7　双通道多功能示波器程序框图

图 11 - 8 是虚拟示波器的层次结构,可以看到示波器的主程序包含 3 个子程序,3 层组织结构;单击子程序打开用户界面和程序框图,可以观察子程序的功能,可以运行子程序观察数据的输入和输出。

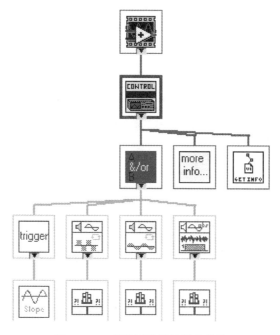

图 11 - 8　虚拟示波器的层次结构

11.3　多功能频谱仪的设计

　　频谱分析是测试信号处理的重要手段,利用虚拟仪器可以学习基于傅里叶变换的信号时域到频域的转换原理,也可设计仿真频谱仪和与物理世界连通的功率谱分析仪。

　　如图 11 - 9～图 11 - 12 所示,是基于 FT 数学原理实现单边傅里叶变换和双边傅里叶变换,分析了谐波信号的幅值谱,二者的幅值是二倍关系。程序分为三个部分。首先,利用正弦波发生功能函数产生正弦波信号并显示波形图;其次,傅里叶变换实现时域到频域的转换计算;最后,将频域信号按单边频谱或多边频谱取值,以频谱信号显示,并用最大值搜索功能函数搜索信号幅值及对应的频率点。单边频谱显示一个频率点,频域幅值和时域幅值相等;双边频谱显示两个频率点,频域幅值是时域幅值的一半。

　　真实的信号分析不限于谐波的频谱分析,如范例中 examples \ analysis \ measxmpl.llb\Amplitude Spectrum (sim).vi 是信号的幅值谱分析,根据信号分析原理,所有的被测信号都被认为是随机信号,只有其功率谱才具有实际意义,功率谱可视作是幅值谱的开方。如图 11 - 13 所示,分析的是三角波信号的频谱。该幅值谱分析程序可以分析多种周期信号,分析结果符合理论预期,程序框图如图 11 - 14 所示。程序功能分为仿真信号发生、幅值谱分析和频谱显示三个部分。

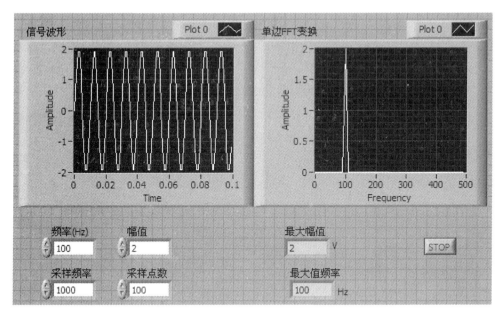

图 11 - 9　单边傅里叶变换用户界面

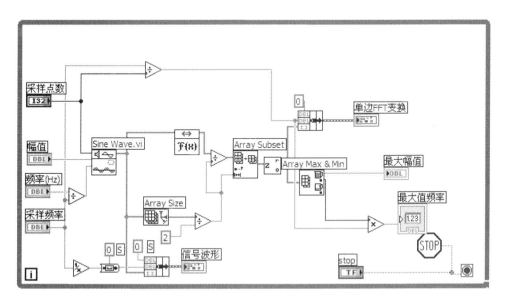

图 11 - 10　单边傅里叶变换程序框图

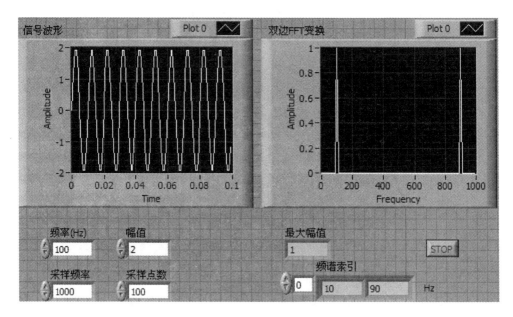

图 11-11　双边傅里叶变换用户界面

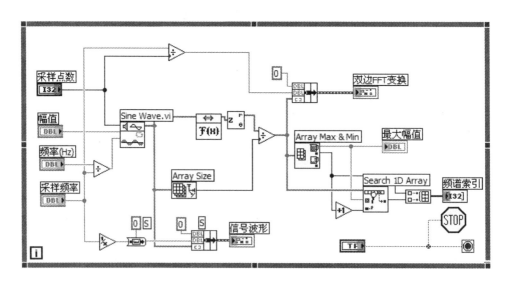

图 11-12　双边傅里叶变换程序框图

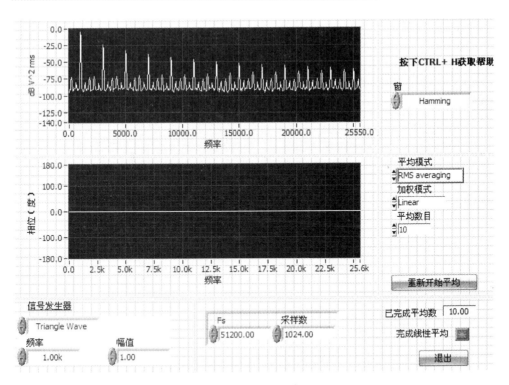

图 11 - 13　信号幅值谱分析用户界面

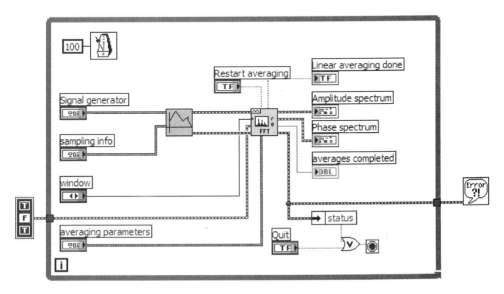

图 11 - 14　信号幅值谱分析程序框图

11.4　相关滤波频谱仪

在工程测试中,如果大致知道被测信号的频率范围,则可以利用互相关分析的方法获得被测信号的频率、幅值和相位。工作原理如图 11 - 15 所示,由扫频正交信号发生器发生两路信号,分别与被测信号相乘。根据互相关原理,只有扫频信号与被测信号一致时,才有信号输出。将输出的信号分别互相关定义积分,之后求平均,两路信号的平方和开方就能获得被测信号的幅值,两路信号的比值取反正切能获得被测信号的相位。

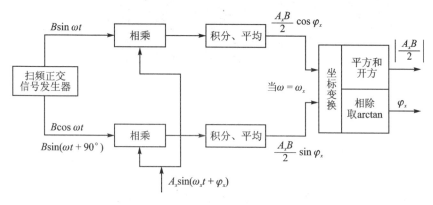

图 11 - 15　相关滤波频谱仪原理框图

图 11 - 16 是相关滤波频谱仪的用户界面,被测信号是染了噪声的谐波信号,频

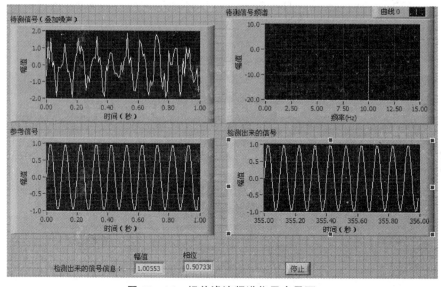

图 11 - 16　相关滤波频谱仪用户界面

率为 10 Hz,相位为 0.50,参考信号是扫频信号发生器发出的,扫频范围从 0 开始,扫频步长为 0.01 Hz。当参考信号与被测信号频率相等时,图形和数值显示被测信号的幅值和相位,结果应与被测信号一致。

11.5　最小二乘法和回归分析法

最小二乘原理在多个学科的数据处理中得到广泛应用。最小二乘法又称最小平方法(Least Squares),是一种数学优化技术,它通过最小化误差的平方和寻找数据的最佳函数匹配。利用最小二乘法可以简便地求得未知的数据,并使得这些求得的数据与实际数据之间误差的平方和最小。最小二乘法还可用于曲线拟合,在传感器标定中应用最多,其他一些优化问题也可通过最小化能量或最大化熵用最小二乘法来表达。

图 11-17 是组合测量的最小二乘法求解和精度估计虚拟仪器用户界面,当前的

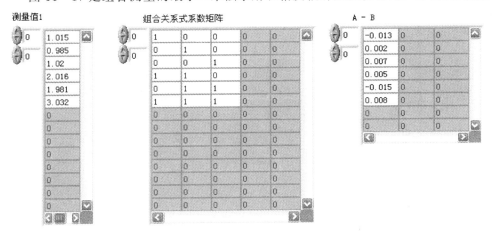

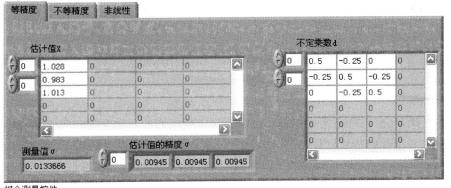

图 11-17　组合测量的最小二乘法求解和精度估计虚拟仪器用户界面

测量方程为

$$\begin{cases} x = 1.015 \\ y = 0.985 \\ z = 1.020 \\ x + y = 2.016 \\ y + z = 1.981 \\ x + y + z = 3.032 \end{cases}$$

求 x、y、z，并估计其精度。

图 11 - 18 是组合测量的最小二乘法求解和精度估计虚拟仪器程序框图,运行该程序,获得 x、y、z 的估计值分别为 1.028、0.983、1.013,精度均为 0.009 45。

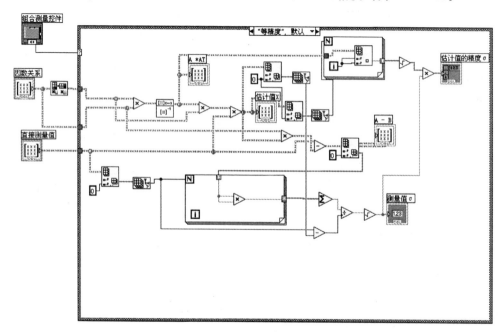

图 11 - 18　组合测量的最小二乘法求解和精度估计虚拟仪器程序框图

上例是等精度线性测量实例,范例也给出了线性不等精度组合测量和非线性测量的最小二乘求解虚拟仪器。

回归分析(regression analysis)是确定两种或两种以上变量间相互依赖的定量关系的一种统计分析方法,运用十分广泛。回归分析按照涉及的变量的多少,分为一元回归分析和多元回归分析;在线性回归中,按照因变量的多少,可分为简单回归分析和多重回归分析;按照自变量和因变量之间的关系类型,可分为线性回归分析和非线性回归分析。如果在回归分析中,只包括一个自变量和一个因变量,且二者的关系可用一条直线近似表示,则这种回归分析称为一元线性回归分析。如果回归分析中包括两个或两个以上的自变量,且自变量之间存在线性相关,则称为多元线性回归分析。回归分析基于观测数据建立变量间适当的依赖关系，以分析数据内在的规律，并可用于预报、控制等问题。

　　一般来说，回归分析是通过规定因变量和自变量来确定变量之间的因果关系，建立回归模型，并根据实测数据来求解模型的各个参数，然后评价回归模型是否能够很好地拟合实测数据；如果能够很好地拟合，则可以根据自变量作进一步的预测。

　　图 11－19 是回归求解器用户界面，范例位于 examples\analysis\regressn.llb\Regression Solver.vi 中。从用户界面可以看出实测点用星号标注，拟合类型选择指数拟合，拟合曲线如图所示，拟合均方差为 2.034。

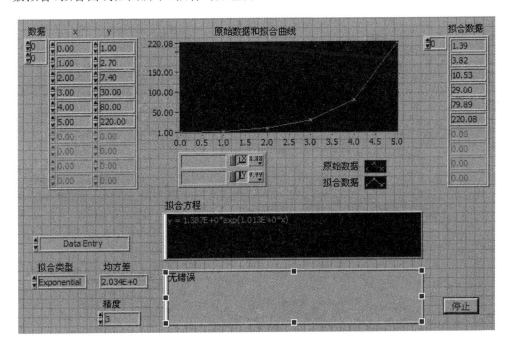

图 11－19　回归求解器用户界面

11.6　基于声卡的个人多功能虚拟仪器

　　在第 8 章信号采集中已述及，从仪器角度看，个人计算机和声卡可构成信号采集仪器，具有音频范围内的信号接收、转换、处理和表达能力。把学生个人计算机仪器化，将大大提高计算机的利用率，有利于相关专业学生进行自学。

　　为提高学生对基础电测仪器的认识，本书设计了基于声卡的多功能虚拟仪器，包括多功能示波器、函数信号发生器、动态信号分析仪、扫频仪、数字多用表、信号记录仪、声音信号分析仪等。学生使用这个多功能虚拟仪器就像使用通用电子仪器一样，图 11－20 是基于声卡的多功能虚拟仪器框图。

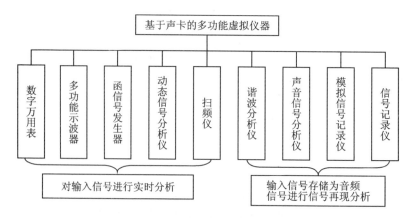

图 11 - 20　基于声卡的多功能虚拟仪器框图

图 11 - 21 是基于声卡的多功能虚拟仪器用户界面。该程序是学生作品,上述功能框图设计的虚拟仪器都得以实现。

图 11 - 21　基于声卡的多功能虚拟仪器用户界面

在工程测试领域,动态信号分析仪是常用设备,本节以动态信号分析仪为例,说明其主要功能及其虚拟仪器的软件实现,其功能框图如图 11 - 22 所示。由信号发生器、信号分析和数据存储三部分组成。信号发生器不仅提供了基本函数信号,还为工程测试试验提供了脉冲信号、冲击信号和斜坡信号,可用于系统功能的动态测试;信号分析功能包括信号时域分析、频域分析、相关分析等;数据存储则提供了对测试数据的多种存储形式。实际的动态信号分析仪通常只包含信号分析和数据存储两部分,其主要功能是测量各种类型的动态信号,并进行时域、时差域和频域的多方位信号分析。随着虚拟仪器的兴起,动态信号分析仪越来越倚重虚拟仪器平台,功能也越来越多。本设计在分析仪的基础上增加了信号发生器功能,使该分析仪具有对被测对象进行频率响应分析的功能。

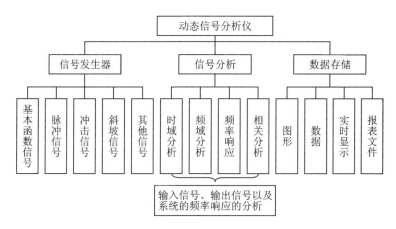

图 11 - 22　动态信号分析仪功能框图

图 11 - 23 是动态信号分析仪的用户界面,中间区域是信号分析功能选择、显示和参数设置,通过选项卡切换实现。左边功能区是信号发生器和分析仪的参数设置区,可设置信号类型、信号频率、采样率、信号幅值及信号发生装置的设备号和采样通道等。右边功能区是被测对象频率响应测量参数设置区,包括 DSA 设置、平均参数、视图、波形设置、信号分析仪开关及信号发生器等。

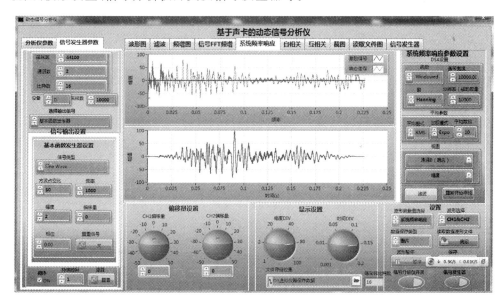

图 11 - 23　动态信号分析仪用户界面

参考文献

[1] 岂兴明,田京京,朱洪岐. LabVIEW 入门与实战开发 100 例[M]. 北京:电子工业出版社,2011.

[2] 陈树学,刘萱. LabVIEW 宝典[M]. 北京:电子工业出版社,2011.

[3] 陈锡辉,张银鸿. LabVIEW 8.20 程序设计从入门到精通[M]. 北京:清华大学出版社,2007.

[4] Bishop R H. LabVIEW 实践教程[M]. 乔瑞萍,译.北京:电子工业出版社,2014.

[5] 特拉维斯 J,克林 J. LabVIEW 大学实用教程[M]. 3 版. 乔瑞萍,等译. 北京:电子工业出版社,2016.

[6] 李江全,任玲,廖结安. LabVIEW 虚拟仪器从入门到测控应用 130 例[M]. 北京:电子工业出版社,2013.

[7] 陈树学. LabVIEW 实用工具详解[M]. 北京:电子工业出版社,2014.

[8] 周鹏,许钢,马晓瑜. 精通 LabVIEW 信号处理[M]. 北京:清华大学出版社,2013.

[9] 龙华伟,伍俊,顾永刚,等. LabVIEW 数据采集与仪器控制[M]. 北京:清华大学出版社,2016.

[10] 岂兴明. LabVIEW 入门与实战开发 100 例[M]. 2 版. 北京:电子工业出版社,2014.

[11] 阮奇桢. 我和 LabVIEW[M]. 北京:北京航空航天大学出版社,2009.

[12] 雷振山. LabVIEW 高级编程与虚拟仪器工程应用[M]. 北京:中国铁道出版社,2013.

[13] 杨高科. LabVIEW 虚拟仪器项目开发与管理[M]. 北京:机械工业出版社,2012.

[14] 杨乐平,李海涛. LabVIEW 程序设计与应用[M]. 2 版. 北京:电子工业出版社,2005.

[15] 杨乐平,李海涛,肖凯. 虚拟仪器技术概论[M]. 北京:电子工业出版社,2003.

[16] 陆绮荣. 基于虚拟仪器技术个人实验室的构建[M]. 北京:电子工业出版社,2006.

[17] 白云,高育鹏,胡小江. 基于 LabVIEW 的数据采集与处理技术[M]. 西安:西安电子科技大学出版社,2009.

[18] 费业泰. 误差理论与数据处理[M]. 7 版. 北京:机械工业出版社,2015.

[19] 秦岚. 误差理论与数据处理习题集与典型题解[M]. 北京:机械工业出版

社,2013.

[20] 丁振良. 误差理论与数据处理[M]. 哈尔滨:哈尔滨工业大学出版社,2015.

[21] 马宏,王金波. 仪器精度理论[M]. 2 版. 北京:北京航空航天大学出版社,2014.

[22] 王伯雄. 工程测试技术[M]. 2 版. 北京:清华大学出版社,2012.

[23] 孔德仁,朱蕴璞,狄长安. 工程测试技术[M]. 2 版. 北京:科学出版社,2016.

[24] 陈花玲. 机械工程测试技术[M]. 2 版. 北京:机械工业出版社,2009.

[25] 熊诗波,黄长艺. 机械工程测试技术基础[M]. 3 版. 北京:机械工业出版社,2011.

[26] 赵文礼. 测试技术基础[M]. 北京:高等教育出版社,2009.